高职高专土建类专业"十二五"规划教材

工程力学

主　编　赵芳芳　殷雨时　武　斌
副主编　王万德　余　沛
参　编　张津之　盖　迪

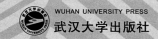

WUHAN UNIVERSITY PRESS
武汉大学出版社

图书在版编目(CIP)数据

工程力学/赵芳芳,殷雨时,武斌主编.—武汉:武汉大学出版社,2016.5
(2024.8 重印)
高职高专土建类专业"十二五"规划教材
ISBN 978-7-307-17608-9

Ⅰ.工…　Ⅱ.①赵…　②殷…　③武…　Ⅲ.工程力学—高等职业教
育—教材　Ⅳ.TB12

中国版本图书馆 CIP 数据核字(2016)第 030914 号

责任编辑:胡　艳　　　责任校对:汪欣怡　　　版式设计:马　佳

出版发行:**武汉大学出版社**　(430072　武昌　珞珈山)
　　　　　　(电子邮箱:cbs22@whu.edu.cn 网址:www.wdp.com.cn)
印刷:武汉邮科印务有限公司
开本:787×1092　1/16　印张:13.25　字数:321 千字　插页:1
版次:2016 年 5 月第 1 版　　2024 年 8 月第 3 次印刷
ISBN 978-7-307-17608-9　　定价:29.00 元

前　言

　　本书的编写以适应教学改革的要求，体现培养应用型人才的特点，对工程力学的内容进行了系统的调整，内容上以"应用"为导向，基础理论以"必须、够用"为度，以强化生活和工程实际应用为重点。注重工学结合，知识点尽可能多地与工程实例相结合，指导学生应用基本的计算方法来解决实际中遇到的计算问题，结构上遵循循序渐进、承上启下的规律，文字上叙述简明，由浅入深，实例经典，通俗易懂，有利于学生理解及接受。本书开篇指明本章知识点及重难点，章后附有小结，使学生在学习时能够对知识点进行重点把握，并利于总结及复习。

　　本书共有 11 章，具体分工如下：赵芳芳编写了第 1~3 章，殷雨时编写了第 6~8 章，武斌编写了第 9~11 章，王万德、余沛编写了绪论、第 4 章、第 5 章，盖迪编写了附录，张津之参与部分图形的编辑工作。本书由赵芳芳、殷雨时、武斌担任主编，王万德、余沛担任副主编，张津之、盖迪参加编写。

　　在编写本书过程中，得到了辽宁交通高等专科学校、商丘工学院、辽宁省交通规划设计院、公路桥梁诊治技术交通运输行业研发中心的大力支持与帮助，同时编者翻阅了大量有关工程力学的资料和教材，在此，也对这些资料的作者表示衷心的感谢。

　　由于编写时间仓促与作者水平有限，书中难免存在缺点和不妥之处，恳请专家及广大读者予以指正。

目　　录

绪　　论

【本章要求】　整体把握工程力学的基本内容及其研究对象、主要的研究任务和研究方法，为后续工程力学课程的展开打下基础。

【本章重点】　工程力学的研究任务。

工程力学是研究工程结构的受力分析、机械运动及承载能力的基本原理和方法的科学。它是一门与工程技术联系极为广泛的技术基础学科，是工程技术的重要理论基础之一。工程力学的定理、定律和结论广泛应用于各行各业的工程技术中，是解决工程实际问题的重要基础。如在土木工程、地下工程、机械工程、宇航工程及海洋工程等中遇到的许多重大技术问题，都与力学有关。

0.1　工程力学的研究对象及力学模型

工程中的建筑物、机械等都是由若干个物体按照一定的规律组合而成的，称为结构，组成结构的基本部件称为构件。而构件根据几何特性又可分为杆、板、壳、块，其中杆是工程中最常见、最基本的构件。

杆：空间一个方向的尺寸远大于其他两个方向的尺寸的构件。

板：空间一个方向的尺寸(厚度)远小于其他两个方向的尺寸，且各处曲率均为零的构件。

壳：空间一个方向的尺寸远小于其他两个方向的尺寸，且至少有一个方向的曲率不为零的构件。

块(或块体)：空间三个方向的尺寸相差不是很大的构件。

工程力学以等截面的直杆(简称等直杆)作为主要研究对象。板壳及块体属于"弹性力学"和"板壳理论"的研究范畴。

工程力学的研究对象往往比较复杂，在对其进行力学分析时，首先必须根据研究问题的性质，抓住其主要特征，忽略一些次要因素，对其进行合理的简化，科学地抽象出力学模型。在工程力学这门学科中，将物体抽象化为两种力学模型，即一种是刚体，另一种是变形固体。

物体在受力后都要发生变形，但在大多数工程问题中这种变形是极其微小的。当分析物体的平衡和运动规律时，这种微小变形的影响很小，可略去不计，因而认为物体不发生变形。这种在受力时保持形状、大小不变的力学模型称为刚体。此外，在分析物体的运动规律时，如果物体的形状和尺寸对运动的影响很小，则可把物体抽象为质点。

而在有些问题上，如对结构或构件内力分析和承载能力计算时，物体的变形是不可忽略的主要因素，即使是极其微小的变形也必须加以考虑，这时就需要把物体抽象为变形体这一力学模型。变形固体是指在外力作用下其形状和尺寸会产生变形的物体。

0.2　工程力学研究任务和内容

本书根据工程力学的研究对象及任务不同，将工程力学主要分为理论力学和材料力学两部分，而理论力学又可以分为静力学、运动学和动力学，本书主要涉及理论力学的静力学部分。

静力学是一门研究物体平衡规律的科学。

所谓物体的平衡，是指物体相对于地球保持静止或做匀速直线运动的状态。如在静荷载作用下的工程建筑物中的房屋、挡土墙、桥梁等均处于平衡状态；还有做匀速直线运动的工程机械，如匀速吊运的重物等。对处于平衡状态的物体进行静力分析是工程力学的一项任务。

材料力学是研究构件承载能力的一门科学。承载能力就是承受荷载的能力。衡量构件是否具有足够的承载能力一般从强度、刚度、稳定性三方面考虑。

(1)强度是指结构或构件抵抗破坏的能力。一个结构或构件能承受荷载而不破坏，即认为满足强度要求。

(2)刚度是指结构或构件抵抗变形的能力。任何结构或构件在荷载作用下都会发生变形，为保证结构或构件能正常工作，工程上根据不同的用途，对各种结构或构件的变形给予一定的限制，只要结构或构件的变形不超过某一限值，即认为满足刚度要求。

(3)稳定性是指结构或构件保持原有平衡状态的能力。满足稳定性要求就是要使构件在正常工作时不突然改变原有平衡状态，以致突然变形而丧失承载能力即失稳而产生破坏。

上述三个方面的要求在结构或构件的设计时都应同时考虑，但对某些构件而言，有时只考虑其中某一主要方面的要求，只要主要方面的要求满足了，其他次要方面的要求也会自然满足。

一个结构或构件要满足强度、刚度及稳定性要求并不难，只要选择较好的材料和较大的截面即可，但任意选用较好的材料和过大的截面，势必造成优材劣用，大材小用，导致巨大的浪费。于是结构和构件的安全性和经济性是矛盾的，工程力学的另一项任务就在于力求合理地解决这一矛盾，即在结构或构件满足强度、刚度、稳定性要求的前提下，选择适宜的材料，确定合理的截面形状和尺寸，为保证结构或构件安全可靠又经济合理提供计算理论依据。

0.3　工程力学的研究方法

理论分析、试验分析和计算机分析是工程力学中三种主要的研究方法。理论分析是以基本概念和定理为基础，经过严密的数学推演，得到问题的解析解答。它是广泛使用的一种方法。构件的强度、刚度和稳定性问题都与所选材料的力学性能有关。材料的力学性能是材料在力的作用下，抵抗变形和破坏等表现出来的性能，它必须通过材料试验才能测定。另外，对于现有理论还不能解决的某些复杂的工程力学问题，有时要依靠试验方法得以解决。因此，试验方法在工程力学中占有重要的地位。随着计算机的出现和飞速发展，工程力学的计算手段发生了根本性变化，使许多过去手算无法解决的问题，例如几十层的高层建筑的结构计算，现在仅用几小时便得到全部结果。不仅如此，在理论分析中，可以利用计算机得到难以导出的公式；在试验分析中，计算机可以整理数据、绘制试验曲线，选用最优参数等。计算机分析已成为一种独特的研究方法，其地位将越来越重要。应该指出，上述工程力学的三种研究方法是相辅相成、互为补充、互相促进的。在学习工程力学经典内容的同时，掌握传统的理论分析与试验分析方法是很重要的，因为它是进一步学习工程力学其他内容以及掌握计算机分析方法的基础。

第1章　力的基本知识

【本章要求】　掌握力、刚体、平衡等概念及静力学公理，熟悉力的分解、力矩与力偶的计算方法，掌握力矩和力偶的性质，熟悉各种常见约束的性质，掌握物体受力分析方法，能熟练地画出工程结构的受力图。

【本章重点】　掌握六种常见的约束，并学会画受力图。

1.1　力的概念及性质

1.1.1　力的概念

力是物体间相互的机械作用，这种作用使物体的运动状态或形状发生改变。

力对物体的作用结果称为力的效应。力使物体运动状态（即速度）发生改变的效应称为运动效应或外效应；而力使物体的形状发生改变的效应称为变形效应或内效应。

力的运动效应分为移动效应和转动效应两种。例如，球拍作用于乒乓球上的力如果不通过球心，则球在向前运动的同时还绕球心旋转。前者为移动效应，后者为转动效应。

实践表明，力对物体的效应取决于力的三要素：(1)力的大小；(2)力的方向；(3)力的作用点。因此，力是矢量，且为定位矢量，用带箭头的直线段来表示。如图 1-1 所示，线段的长度表示力的大小，线段的方位和指向代表力的方向，线段的起点（或终点）表示力的作用点，线段所在的直线称为力的作用线。

在静力学中，用黑斜体大写字母 F 表示力矢量，用白斜体大写字母 F 表示力的大小。如图 1-1 所示。

度量力的大小通常采用国际单位制（SI），力的单位为 N 或 kN。

作用于一个物体上的若干个力称为力系。若作用于物体上的某一力系可以用另一个力系来代替，而不改变它对物体的作用效应（运动效应），那么这两个力系是互为等效力系。如果一个力与一个力系等效，那么这个力称为该力系的合力，原力系的各力称为合力的分力。将一个复杂的力系用一个简单的等效力系来代替的过程，称为力系的简化。

如果物体在一个力系的作用下处于平衡状态，则该力系称为平衡力系。使一个力系成为平衡力系的条件称为力系的平衡条件。研究物体的平衡问题，实际上就是研究作用于物体上力系的平衡条件。

1.1.2　力的性质

为了讨论物体的受力分析，研究力系的简化和平衡条件，必须先掌握一些最基本的力学规律。这些规律是人们在生活和生产活动中长期积累的经验总结，又经过实践反复检

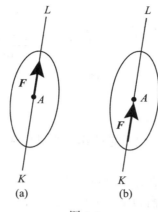

图 1-1

验，被认为是符合客观实际的最普遍、最一般的规律，称为静力学公理。静力学公理概括了力的基本性质，是建立静力学理论的基础。

公理 1　二力平衡条件

作用在刚体上的两个力，使刚体处于平衡的充要条件是：这两个力大小相等，方向相反，且作用在同一直线上。如图 1-2 所示，两个力的关系可用如下矢量式表示：

$$F_1 = -F_2$$

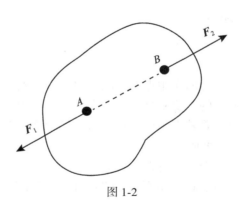

图 1-2

这一公理揭示了作用于刚体上的最简单的力系平衡时所必须满足的条件，满足上述条件的两个力称为一对平衡力。需要说明的是，对于刚体，这个条件既必要又充分，但对于变形体，这个条件是不充分的。

只在两个力作用下而平衡的刚体称为二力构件或二力杆。根据二力平衡条件，二力杆两端所受两个力大小相等、方向相反，作用线沿着两个力作用点的连线。如图 1-3 所示。

公理 2　加减平衡力系公理

在已知力系上加上或减去任意的平衡力系，并不改变原力系对刚体的作用。

这一公理是研究力系等效替换与简化的重要依据。

根据上述公理可以导出如下重要推论：

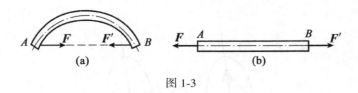

图 1-3

推论 1　力的可传性

作用于刚体上某点的力，可以沿着它的作用线滑移到刚体内任意一点，并不改变该力对刚体的作用效果。

证明：设在刚体上点 A 作用有力 F 如图 1-4(a)所示。根据加减平衡力系公理，在该力的作用线上的任意点 B 加上平衡力 F_1 与 F_2，且使 $F_2 = -F_1 = F$，如图 1-4(b)所示。由于 F 与 F_1 组成平衡力，可去除，故只剩下力 F_2，如图 1-4(c)所示，即将原来的力 F 沿其作用线移到了点 B。

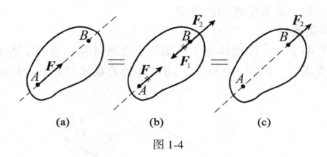

图 1-4

由此可见，对刚体而言，力的作用点不是决定力的作用效应的要素，它已为作用线所代替。因此作用于刚体上的力的三要素是：力的大小、方向和作用线。

作用于刚体上的力可以沿着其作用线滑移，这种矢量称为滑移矢量。

公理 3　力的平行四边形法则

作用在物体上同一点的两个力，可以合成为一个合力。合力的作用点也在该点，合力的大小和方向，由这两个力为邻边构成的平行四边形的对角线确定，如图 1-5(a)所示。或者说，合力矢等于这两个力矢的几何和，即

$$F_R = F_1 + F_2 \tag{1-1}$$

亦可另作一力三角形来求两汇交力合力矢的大小和方向，即依次将 F_1 和 F_2 首尾相接画出，最后由第一个力的起点至第二个力的终点形成三角形的封闭边，即为此二力的合力矢 F_R，如图 1-5(b)所示，称为力的三角形法则。

推论 2　三力平衡汇交定理

刚体受不平行的三个力作用而平衡，则三力作用线必汇交于一点且位于同一平面内。

证明：刚体受三力 F_1、F_2、F_3 作用而平衡，如图 1-6 所示。根据力的可传性，将力 F_1 和 F_2 移到汇交点 O，根据平行四边形法则可合成为力 F_{12}，则 F_3 应与 F_{12} 平衡。根据二力平衡条件，F_3 与 F_{12} 必等值、反向、共线，所以 F_3 必通过 O 点，且与 F_1、F_2 共面，定理得证。

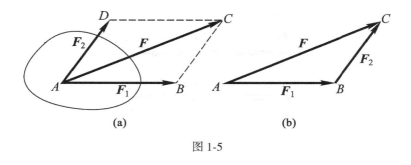

图 1-5

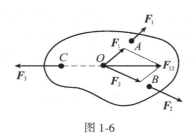

图 1-6

公理 4　作用与反作用定律

两个物体间的作用力与反作用力总是同时存在，且大小相等，方向相反，沿着同一条直线，分别作用在两个物体上。如图 1-7 所示，若用 F_1 表示作用力，F_1' 表示反作用力，则 $F_1 = -F_1'$。

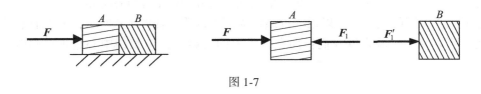

图 1-7

该公理表明，作用力与反作用力总是成对出现。此公理在研究几个物体组成的系统时具有重要作用，而且无论对刚体还是变形体都是适用的。

应该注意的是，尽管作用力与反作用力大小相等、方向相反、作用线相同，但他们并不互成平衡，更不能把这个定律与二力平衡定理混淆。因为作用力与反作用力不是作用在同一个物体上，而是分别作用在两个相互作用的物体上。

公理 5　刚化原理

变形体在某一力系作用下处于平衡，如果将此变形体刚化为刚体，其平衡状态保持不变。

这一公理提供了把变形体抽象为刚体模型的条件。如柔性绳索在等值、反向、共线的两个拉力作用下处于平衡，可将绳索刚化为刚体，其平衡状态不会改变，如图 1-8 所示。而绳索在两个等值、反向、共线的压力作用下则不能平衡，这时，绳索不能刚化为刚体。但刚体在上述两种力系的作用下都是平衡的。

由此可见，刚体的平衡条件是变形体平衡的必要条件，而非充分条件。刚化原理建立

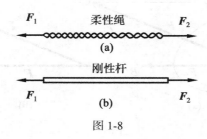

图 1-8

了刚体与变形体平衡条件的联系，提供了用刚体模型来研究变形体平衡的依据。在刚体静力学的基础上考虑变形体的特性，可进一步研究变形体的平衡问题。这一公理也是研究物体系平衡问题的基础，刚化原理在力学研究中具有非常重要的地位。

1.2 力矩及力偶

1.2.1 力矩的概念及性质

1. 力矩的概念

力对物体的作用有移动效应，也有转动效应。力使物体绕某点（或某轴）转动效应的度量，称为力对点（或轴）之矩。

人们在长期的生产实践中为了使物体转动或是为了省力，广泛应用了如杠杆、滑轮等简单机械，力矩的概念就是使用这些简单机械的过程中逐渐建立起来的。

为了说明力矩的概念，现以扳手拧螺帽为例来说明。如图 1-9 所示，力 F 使扳手连同螺帽绕 O 点转动，经验告诉我们：加在扳手上的力越大，离螺帽中心越远，则转动螺帽就越容易。

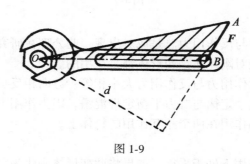

图 1-9

这表明力 F 使扳手绕 O 点转动的效应，不仅与力 F 的大小有关，还与 O 点到力 F 作用线的垂直距离 d 有关，因此，用乘积 Fd 表示力 F 使物体绕某点转动的效应，并称为力 F 对点 O 的力矩，用 $M_O(F)$（或在不致产生误解的情况下简写成 M_O）表示，即

$$M_O(F) = \pm Fd \qquad (1-2)$$

式中：O 点称为矩心；d 称为力臂；正负号用来区别力 F 使物体绕 O 点转动的方向，并规

定力 $\boldsymbol{F}$ 使物体绕 O 点逆时针转动时为正，反之为负。力矩的单位为 N·m 或 kN·m。

根据以上情况，平面内力对点的矩，只取决于力矩的大小和旋转方向，因此平面内力对点的矩是代数量。

由图 1-9 及式(1-2)可知，力 $\boldsymbol{F}$ 对 O 点的矩也可用 $\triangle OAB$ 面积的两倍来表示，即

$$M_O(\boldsymbol{F}) = \pm 2S_{\triangle OAB}$$

由力矩的定义可得力矩的性质：

(1)力对点之矩不但与力的大小和方向有关，还与矩心的位置有关。

(2)当力的大小为零或力的作用线通过矩心(即力臂 $d=0$)时，力矩恒等于零。

(3)当力沿其作用线移动时，并不改变力对点之矩。

2. 合力矩定理

设在同一平面内有 n 个力 $\boldsymbol{F}_1$，$\boldsymbol{F}_2$，$\cdots$，$\boldsymbol{F}_n$，其合力为 $\boldsymbol{F}_R$，则合力对平面内任一点之矩等于各分力对同一点之矩的代数和。这个关系称为合力矩定理，即

$$M_O(\boldsymbol{F}_R) = M_O(\boldsymbol{F}_1) + M_O(\boldsymbol{F}_2) + \cdots + M_O(\boldsymbol{F}_n) = \sum M_O(\boldsymbol{F}_i)$$

在许多情况下，应用合力矩定理计算力对点之矩较为简便。

证明：设力 $\boldsymbol{F}_1$、$\boldsymbol{F}_2$ 作用于物体上 A 点，其合力为 $\boldsymbol{F}_R$(图 1-10)。任取一点 O 为矩心，作 x 轴垂直 OA，并过各力矢端 B、C、D 作 x 轴的垂线，设垂足分别为 b、c、d。各力对 O 点的矩分别为：

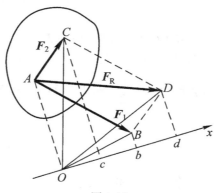

图 1-10

$$M_O(\boldsymbol{F}_1) = -2S_{\triangle OAB} = -OA \cdot Ob$$
$$M_O(\boldsymbol{F}_2) = -2S_{\triangle OAC} = -OA \cdot Oc$$
$$M_O(\boldsymbol{F}_R) = -2S_{\triangle OAD} = -OA \cdot Od$$

因

$$Od = Ob + Oc$$

故

$$M_O(\boldsymbol{F}_R) = M_O(\boldsymbol{F}_1) + M_O(\boldsymbol{F}_2)$$

一般地，若在 A 点作用有 n 个力，则有

$$M_O(\boldsymbol{F}_R) = M_O(\boldsymbol{F}_1) + M_O(\boldsymbol{F}_2) + \cdots + M_O(\boldsymbol{F}_n) = \sum M_O(\boldsymbol{F}_i)$$

例 1-1 一齿轮受到与它啮合的另一齿轮的作用力 $F = 1kN$ 的作用，如图 1-11 所示。

已知压力角 $\theta = 20°$，节圆直径 $D = 0.16\text{m}$，求力 $\boldsymbol{F}$ 对齿轮轴心 O 之矩。

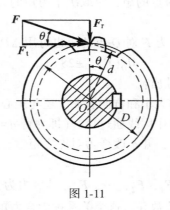

图 1-11

解：用两种方法计算力 $\boldsymbol{F}$ 对 O 点之矩。

方法一：由力矩的定义，得

$$M_O(\boldsymbol{F}) = -Fd = -F\frac{D}{2}\cos\theta = -75.2\text{N}\cdot\text{m}$$

负号表示力 $\boldsymbol{F}$ 使齿轮绕 O 点作顺时针转动。

方法二：将力 $\boldsymbol{F}$ 分解为圆周力 $\boldsymbol{F}_\text{t}$ 和径向力 $\boldsymbol{F}_\text{r}$，它们的大小分别为 $F_\text{t} = F\cos\theta$ 和 $F_\text{r} = F\sin\theta$。由合力矩定理，得

$$M_O(\boldsymbol{F}) = M_O(\boldsymbol{F}_\text{t}) + M_O(\boldsymbol{F}_\text{r})$$

因力 $\boldsymbol{F}_\text{r}$ 通过矩心 O，故 $M_O(\boldsymbol{F}_\text{r}) = 0$，于是

$$M_O(\boldsymbol{F}) = M_O(\boldsymbol{F}_\text{t}) = -F_\text{t}\frac{D}{2} = -(F\cos\theta)\frac{D}{2} = -75.2\text{N}\cdot\text{m}$$

1.2.2 力偶的概念和性质

1. 力偶的概念

在日常生活和工程中，经常会遇到物体受大小相等、方向相反、作用线互相平行的两个力作用的情形。例如，汽车司机用双手转动方向盘（图 1-12(a)），钳工用丝锥攻螺纹（图 1-12(b)）等。

实践证明，这样的两个力 $\boldsymbol{F}$、$\boldsymbol{F}'$ 对物体只产生转动效应，而不产生移动效应。一方面，它们的矢量和等于零，即 $\boldsymbol{F}$ 和 $\boldsymbol{F}'$ 没有合力。另一方面，它们又不满足二力平衡条件（因作用线不同），所以不能平衡。力学上把大小相等、方向相反、作用线相互平行的两个力，称为力偶，用符号 $(\boldsymbol{F}, \boldsymbol{F}')$ 表示。力偶中，两力所在的平面叫做力偶的作用面，两力作用线间的垂直距离叫做力偶臂，用 d 来表示，如图 1-12(c) 所示。

力偶不能再简化为更简单的形式，所以力偶同力一样被看成组成力系的基本元素。

2. 力偶矩的计算

把力偶的任一力的大小与力偶臂的乘积冠以适当的正负号，作为力偶使物体转动效应的度量，称为力偶矩，用 M 表示，即

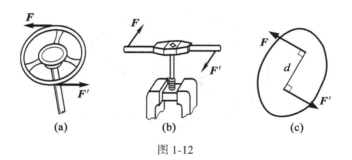

图 1-12

$$M = \pm Fd$$

式中，正负号表示力偶的转向，规定力偶使物体逆时针方向转动时为正，反之为负。由此可见，在平面内力偶矩是代数量。力偶矩的单位与力矩单位相同。

力偶在其作用面内除了用两个力表示外，通常也可以用一个带箭头的弧线来表示，箭头表示力偶的转向，M 表示力偶矩的大小，如图 1-13 所示。

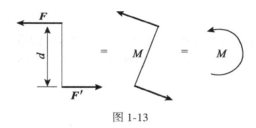

图 1-13

3. 力偶的性质

（1）力偶对物体不产生移动效应，因此力偶没有合力。一个力偶既不能与一个力等效，也不能和一个力平衡。力与力偶是表示物体间相互机械作用的两个基本元素。

（2）力偶对其作用面内任一点的矩恒等于力偶矩，而与矩心位置无关。

如图 1-14 所示，在力偶作用面内任取一点 O 为矩心，设点 O 与力 F 的距离为 x，力偶臂为 d，则力偶的两个力对 O 点之矩的和为

$$M_O(F) + M_O(F') = -Fx + F'(x+d) = Fd$$

由此可见，力偶对矩心 O 点的力矩只与力 F 和力偶臂 d 的大小有关，而与矩心位置无关，这也正是力偶矩与力矩的主要区别。

（3）在同一平面内的两个力偶，如果它们的力偶矩大小相等、转向相同，则这两个力偶等效。这个性质是力偶的等效性，如图 1-15 所示。

由以上性质可以得到两个推论：

推论 1　只要保持力偶矩的大小和转向不变，力偶可在其作用面内任意移动和转动，而不改变它对物体的转动效应。也就是说，力偶对物体的作用效用与它在作用面的位置无关。

推论 2　只要保持力偶矩的大小和转向不变，可以同时改变组成力偶的力的大小和力偶臂的长短，而不改变力偶对物体的转动效用。

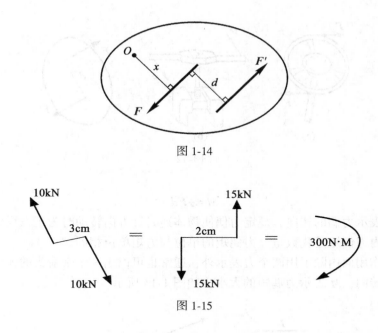

图 1-14

图 1-15

以上分析可知，力偶对物体的转动效应完全取决于力偶矩的大小、力偶的转向和力偶的作用面，这就是力偶的三要素。不同的力偶只要它们的这三要素相同，对物体的转动效用就是相同的。

1.3 荷载的分类

结构工作时所承受的其他物体作用的主动外力称为荷载。确定实际结构所承受的荷载，是进行结构受力分析的前提。但是实际结构受到的荷载是相当复杂的，为了便于分析，可从不同的角度将荷载分为以下几类：

1.3.1 按作用的性质分为静荷载和动荷载

1. 静荷载

静荷载是指大小、作用位置和方向不随时间而变化的荷载（缓慢地、逐步地加到结构上的荷载），如构件的自重、土压力等。

2. 动荷载

动荷载是指大小、作用位置和方向随时间而迅速变化的荷载，如动力机械产生的荷载、地震荷载等。

1.3.2 按作用时间的长短分为恒荷载和活荷载

1. 恒荷载

恒荷载是指长期作用在结构上的不变荷载，如构件自重、土压力等。

2. 活荷载

活荷载是指施工和使用期间可能作用在结构上的可变荷载("可变"是指这种荷载有时存在，有时不存在，作用位置可能是固定的，也可能是移动的)，如室内人群、家具、厂房吊车荷载等。

1.3.3　按作用范围分为集中荷载和分布荷载

1. 集中荷载

集中荷载是指荷载作用的范围相对于结构的尺度来讲很小，可以忽略为一个点作用的荷载，集中荷载对于结构产生不连续的作用。

2. 分布荷载

分布荷载是指荷载连续作用在整个结构或结构的一部分，作用范围不能忽略。分布荷载对于结构产生相对连续的作用。分布荷载又分为体荷载、面荷载和线荷载。

体荷载是分布在物体的体积内的荷载，如重力等。面荷载是分布在物体的表面上的荷载，如楼板上的荷载、水坝上的水压力等。线荷载是分布在一个狭长的体积内和狭长的面积上，而且相互平行的荷载，则可以把它简化为沿狭长方向的中心线分布的荷载，如分布在梁上的荷载。

分布荷载按其分布是否均匀，又可分为均布荷载和非均布荷载。其中均布荷载是荷载连续作用在结构上，而且大小处处相同，例如板、梁自重及渡槽的水平底面所受的水压力都可看成是均布荷载。

分布荷载的大小用集度来表示，荷载集度只是表示荷载分布的集中程度，并不表示一点受多大的荷载。荷载集度乘以相应的体积、面积或长度后，才是力(荷载)，又称为分布荷载的合力。

沿跨度方向单位长度上承受的均匀分布的荷载称为均布线荷载，通常用字母 q 表示，单位为 N/m 或 kN/m。

如图 1-16 所示，水平梁 AB 受均布载荷作用，载荷集度为 q，梁长 L，则梁承受的合力大小为 $F = q \cdot L$。

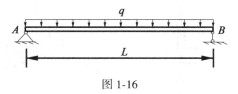

图 1-16

1.4　约束及约束反力

1.4.1　约束与约束反力

物体无论是处于平衡或运动状态，总是与周围其他物体相互联系而又相互制约的，它们之间存在着相互作用力。为了分析物体的受力情况，需要对物体间相互联系的方式进行研究。

物体按照运动所受限制条件的不同可以分为两类：自由体与非自由体。自由体是指物体在空间可以有任意方向的位移，即运动不受任何限制，如空中飞行的炮弹、飞机、人造卫星等。非自由体是指在某些方向的位移受到一定限制而不能随意运动的物体，如在轴承内转动的转轴、汽缸中运动的活塞等。对非自由体的位移起限制作用的周围物体称为约束。例如，铁轨对于机车、轴承对于电机转轴、吊车钢索对于重物等，都是约束。

约束限制着非自由体的运动，与非自由体接触相互产生了作用力，约束作用于非自由体上的力称为约束反力。约束反力作用于接触点，其方向总是与该约束所能限制的运动方向相反，据此，可以确定约束反力的方向或作用线的位置。与约束反力对应的，能主动地使物体运动或有运动趋势的力，称为主动力或载荷(亦称为荷载)，例如重力、水压力、切削力等。物体所受的主动力一般是已知的，而约束反力是由主动力的作用而引起，它是未知的。

1.4.2　工程中常见的几种约束及其约束反力

1. 柔索约束

绳索、皮带、链条等柔性物体构成柔索约束。这种约束只能限制物体沿着柔索伸长的方向运动，而不能限制其他方向的运动。因此，柔索约束力的方向沿着柔索且背离物体，即为拉力(图 1-17)。

2. 光滑接触面约束

如果两个物体接触面之间的摩擦力很小，可忽略不计，就构成光滑面约束。这种约束只能限制物体沿着接触点处的公法线朝接触面方向运动，而不能限制其他方向的运动。因此，光滑接触面约束力的方向沿着接触面在接触点处的公法线且指向物体，即为压力(图 1-18)。这种约束力也称为法向反力。

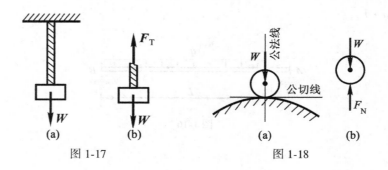

图 1-17　　　　　　　　　　　图 1-18

3. 光滑铰链约束

在两个构件上各钻有同样大小的圆孔，并用圆柱形销钉连接起来(图 1-19(a))。如果销钉和圆孔是光滑的，那么销钉只限制两构件在垂直于销钉轴线的平面内相对移动，而不限制两构件绕销钉轴线的相对转动。这样的约束称为光滑铰链，简称铰链或铰。图 1-19(b)是它的简化表示。

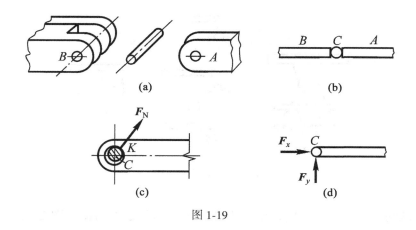

图 1-19

这种约束实质是两个光滑圆柱面的接触（图 1-19（c）），其约束反力作用线必然通过销钉中心并垂直圆孔在 K 点的切线，约束反力的指向和大小与作用在物体上的其他力有关，所以光滑圆柱铰链的约束反力的大小和方向都是未知的，通常用大小未知的两个垂直分力表示，如图 1-19（d）所示。

4. 固定铰支座约束

用铰链连接的两个构件中，如果其中一个构件是固定在基础或静止机架上的支座（图 1-20（a）），则这种约束称为固定铰支座，简称铰支座。图 1-20（b）～图 1-20（e）是它的几种简化表示。固定铰支座约束力与铰链的情形相同（图 1-20（f））。

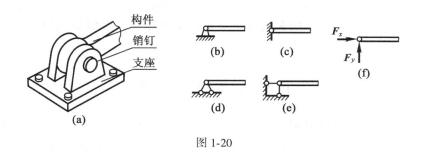

构件
销钉
支座

图 1-20

5. 活动铰支座约束

如果在支座与支承面之间装上几个滚子，使支座可沿支承面移动，就成为活动铰支座，也称为辊轴支座（图 1-21（a））。图 1-21（b）～图 1-21（d）是它的几种简化表示。如果支承面是光滑的，这种支座不限制构件沿支承面移动和绕销钉轴线的转动，只限制构件沿支承面法线方向向支承面的移动。因此，活动铰支座约束力垂直于支承面，通过铰链中心，指向待定图 1-21（e）。

6. 固定端约束

若静止的物体与构件的一端紧密相连，使其既不能移动也不能转动，则构件所受的约束称为固定端约束。例如房屋建筑中墙壁对雨罩或阳台的约束（图 2-22（a）），即为固定端

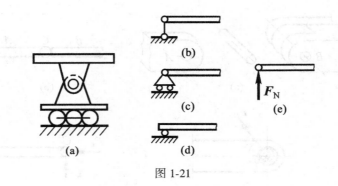

图 1-21

约束。固定端约束力为一个方向待定的力和一个转向待定的力偶。图 2-22（b）和图 2-22（c）分别为固定端约束的简化表示和约束力表示。

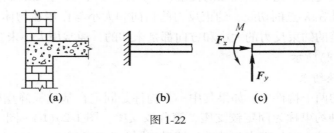

图 1-22

事实上，有些工程上的约束并不一定与上述理想的形式完全一样。但是，根据问题的性质以及约束在讨论的问题中所起的作用，常可将实际约束近似简化为上述几种类型之一。

1.5 结构计算简图

工程中结构的实际构造比较复杂，其受力及变形情况也比较复杂，完全按照结构的实际工作状态进行分析往往是困难的。因此，在进行力学计算前，必须先将实际结构加以简化，分清结构受力、变形的主次，抓住主要因素，忽略一些次要因素，将实际结构抽象为既能反映结构的实际受力和变形特点又便于计算的理想模型，称为结构的计算简图。

计算简图的选取应遵循下列两条原则：
（1）正确反映结构的实际受力情况，使计算结果尽可能与实际相符；
（2）对结构的内力和变形影响较小的次要因素，可以较大地简化甚至忽略，使计算大大简化。

计算简图的简化程度与许多因素有关。实际结构简化为计算简图，应考虑以下几方面的内容。

1.5.1 结构杆件的简化

结构的简化包括两方面的内容：结构体系的简化和结构中杆件的简化。结构体系的简化是把有些实际空间整体的结构，简化或分解为若干平面结构；杆件则用其轴线表示，直杆简化为直线，曲杆简化为曲线。

1.5.2 结点的简化

结构中各杆件间的相互连接处称为结点。结点可简化为以下两种基本类型：

1. 铰结点

铰结点的特征是所连各杆都可以绕结点自由转动，即在结点处各杆之间的夹角可以改变，如图 1-23 所示。

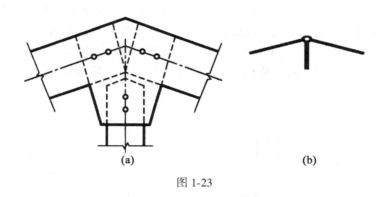

图 1-23

2. 刚结点

刚结点的特征是所连各杆不能绕结点作相对转动，即各杆之间的夹角在变形前后保持不变，如图 1-24 所示。

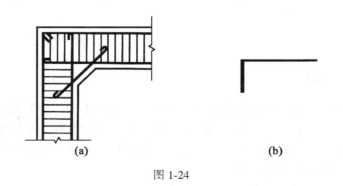

图 1-24

当一个结点同时具有以上两种结点的特征时，称为组合结点，即在结点处有些杆件为铰接，同时也有些杆件为刚性连接，如图 1-25 所示。

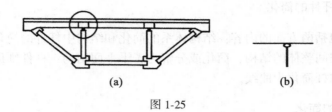

图 1-25

1.5.3 支座的简化

把结构与基础或支承部分连接起来的装置称为支座。平面结构的支座根据其支承情况的不同可简化为：（1）固定铰支座，如图 1-26（a）所示的结构，预制柱插入杯形基础，四周用沥青麻丝填实。（2）活动铰支座，如图 1-27（a）所示。在单层多跨并有纵向变形缝的厂房中，当中柱为单柱时，搭在中柱柱顶的其中一榀屋架将直接搁置于钢滚轴上，而钢滚轴搁置于柱顶或牛腿顶面上。（3）固定端支座，如图 1-28（a）所示。在实际工程中，有些结构构件既不能发生任何方向的移动，也不能发生任何角度的转动。

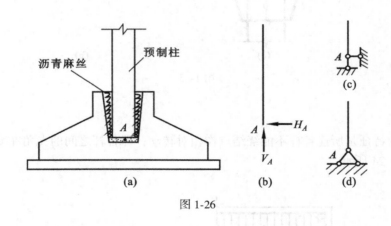

图 1-26

1.5.4 荷载的简化

在实际工程中，构件受到的荷载是多种多样的，按照不同的分类方式可以把荷载进行分类，这里仅按照荷载作用在结构的范围把荷载分为集中荷载和分布荷载。

工程力学主要的研究对象是杆件，因此计算简图中通常将荷载简化为作用在杆件轴线上的线分布荷载、集中荷载和力偶。

下面用两个例子来说明选取计算简图的方法。

如图 1-29（a）所示，均质梁两端搁在墙上，上面放一重物，简化时，梁本身用其轴线来代表；重物近似看做集中荷载，梁的自重则视为均布线荷载；至于两端的反力，其分布规律是难以知道的，现假定为均匀分布，并以其作用在墙宽中点的合力来代替。考虑到支

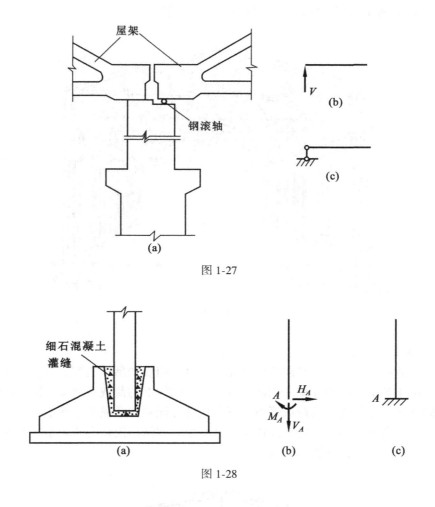

图 1-27

图 1-28

承面有摩擦，梁不能左右移动，但受热膨胀时仍可伸长，故可将一端视为固定铰支座，而另一端视为活动铰支座。这样便得到如图 1-29（b）所示的计算简图。显然，只要梁的横截面尺寸、墙宽及重物与梁的接触长度均比梁的长度小许多，则进行上述简化在工程上一般是许可的。

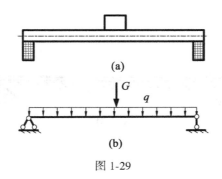

图 1-29

又如图 1-30 所示单层工业厂房，试画出其计算简图。

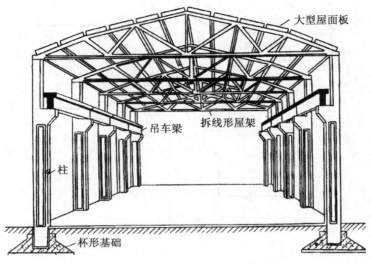

图 1-30

1. 结构体系的简化

该单层工业厂房是由许多横向平面单元，通过屋面板和吊车梁等纵向构件联系起来的空间结构。由于各个横向平面单元相同，且作用于结构上的荷载一般又是沿厂房纵向均匀分布的，因此作用于结构上的荷载可通过纵向构件分配到各个横向平面单元上。

这样就可不考虑结构整体的空间作用，把一个空间结构简化为若干个彼此独立的平面结构来进行分析、计算，如图 1-31 所示。

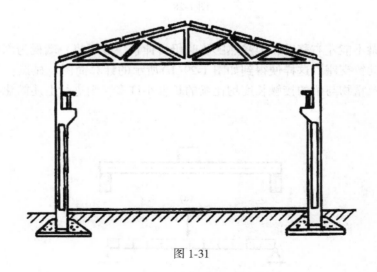

图 1-31

2. 构件的简化

立柱因上下截面不同，可用粗细不同的两段轴线表示。屋架因其平面内刚度很大，可简化为一刚度为无限大的直杆。

3. 结点与支座的简化

屋架与柱顶通常采用螺栓连接或焊接，可视为铰结点。立柱下端与基础连接牢固，嵌入较深，可简化为固定端支座。

4. 荷载的简化

由吊车梁传到柱子上的压力，因吊车梁与牛腿接触面积较小，可用集中力 F_1、F_2 表示；屋面上的风荷载简化为作用于柱顶的一水平集中力 F_3；而柱子所受水平风力，可按平面单元负荷宽度简化为均布线荷载，简化图形如图 1-32 所示。

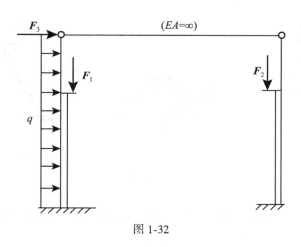

图 1-32

选取较合理的结构计算简图，不仅需要有丰富的实践经验，而且还需要有较完备的力学知识，才能分析主、次要因素的相互关系。对于一些新型结构往往还需要借助模型试验和现场实测才能确定出较合理的计算简图。对于工程中一些常用的结构形式，其计算简图经实践证明都比较合理，因此可以直接采用。

1.6　物体受力分析及受力图

在解决工程实际问题时，为了清楚地表示物体的受力情况，需要将所研究的物体或物体系统从与其联系的周围物体或约束中分离出来，根据问题要求适当加以简化，画出简图，称为取分离体，并分析它受几个力作用，确定每个力的作用位置和力的作用方向，并在简图上画出，这种表示物体受力状态的简明图形称为受力图，这一过程称为物体的受力分析。受力分析是解决力学问题的第一步。

物体受力分析过程包括如下三个主要步骤：

（1）确定研究对象，取出分离体；

（2）画出所有的主动力；

（3）分析约束并画出约束反力。

例 1-2　重 W 的管子用板 AB 及绳 BC 支承，图 1-33（a）为简化后的平面图形。试分别画出管子及 AB 的受力图，接触点 D、E 两处的摩擦及板重都不计。

解：首先作管子及板 AB 的受力图，如图 1-33(b)所示，管子受重力 W，通过中心 O。因 D、E 两处为光滑接触，管子在这两处分别受到墙壁及板 AB 作用的力 F_{ND} 及 F_{NE}，各垂直于墙壁及板 AB，通过管子中心 O，并为压力。

再作板 AB 的受力图，如图 1-33(c)所示。A 点是铰支座，约束力用 F_{Ax}、F_{Ay} 表示，指向假设如图。B 点受绳子拉力 F_T，由 B 指向 C。E 点受到管子作用的力 F'_{NE}；F'_{NE} 与 F_{NE} 互为作用力及反作用力，所以 F'_{NE} 的方向必与 F_{NE} 的方向相反。

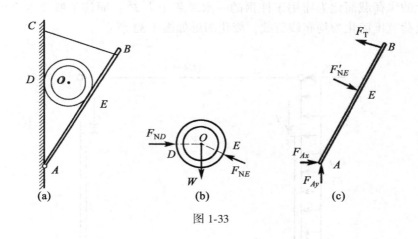

图 1-33

例 1-3 小车连同货物共重 W，由绞车通过钢丝绳牵引沿斜面匀速上升（图 1-34(a)）。不计车轮与斜面间的摩擦，试画出小车的受力图。

解：将小车从钢丝绳和斜面的约束中分离出来，单独画出。作用于小车上的主动力为 W，其作用点为重心 C，铅直向下。作用于小车上的约束力有：钢丝绳的约束力 F_T，方向沿绳的中心线且背离小车；斜面的约束力 F_A、F_B，作用于车轮与斜面的接触点，垂直于斜面且指向小车。图 1-34(b)为小车的受力图。

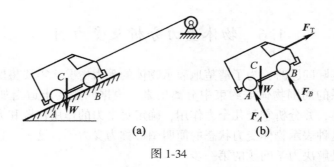

图 1-34

例 1-4 简单承重结构（图 1-35(a)）中，悬挂的重物重 W，横梁 AB 和斜杆 CD 的自重不计。试分别画出斜杆 CD、横梁 AB 及整体的受力图。

解：（1）画斜杆 CD 的受力图。斜杆 CD 两端均为铰链约束，约束力 F_C、F_D 分别通过 C 点和 D 点。由于不计杆的自重，故斜杆 CD 为二力构件。F_C 与 F_D 大小相等，方向相反，

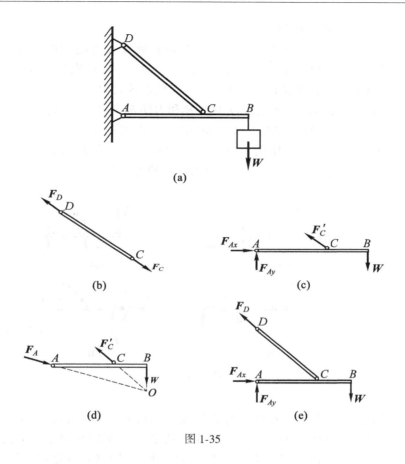

图 1-35

沿 C、D 两点连线。本题可判定 $\boldsymbol{F}_C$、$\boldsymbol{F}_D$ 为拉力，不易判断时可假定指向。图 1-35(b)为斜杆 CD 的受力图。

（2）画横梁 AB 的受力图。横梁 AB 的 B 处受到主动力 $\boldsymbol{W}$ 的作用。C 处受到斜杆 CD 的作用力 $\boldsymbol{F}_C'$，$\boldsymbol{F}_C'$ 与 $\boldsymbol{F}_C$ 互为作用力与反作用力。A 处为固定铰支座，约束力用两个正交分力 $\boldsymbol{F}_{Ax}$、$\boldsymbol{F}_{Ay}$ 表示，指向为假定。图 1-35(c)为横梁的受力图。

横梁 AB 的受力图也可根据三力平衡汇交定理画出。横梁的 A 处为固定铰支座，其约束力 $\boldsymbol{F}_A$ 的方向未知，但由于横梁只受到三个力的作用，其中二个力 $\boldsymbol{W}$、$\boldsymbol{F}_C'$ 的作用线相交于 O 点，因此 $\boldsymbol{F}_A$ 的作用线也通过 O 点(图 1-35(d))。

（3）画整体的受力图。作用于整体上的力有：主动力 $\boldsymbol{W}$、约束力 $\boldsymbol{F}_D$ 及 $\boldsymbol{F}_{Ax}$、$\boldsymbol{F}_{Ay}$。图 1-35(e)为整体的受力图。

（4）讨论本题的整体受力图上为什么不画出力 $\boldsymbol{F}_C'$ 与 $\boldsymbol{F}_C$ 呢？这是因为力 $\boldsymbol{F}_C'$ 与 $\boldsymbol{F}_C$ 是承重结构整体内两物体之间的相互作用力，这种力称为内力。根据作用与反作用定律，内力总是成对出现的，并且大小相等、方向相反、沿同一直线，对承重结构整体来说，$\boldsymbol{F}_C$ 与 $\boldsymbol{F}_C'$ 这一对内力自成平衡，不必画出。因此，在画研究对象的受力图时，只需画出外部物体对研究对象的作用力，这种力称为外力。但应注意，外力与内力不是固定不变的，它们可以随研究对象的不同而变化。例如力 $\boldsymbol{F}_C$ 与 $\boldsymbol{F}_C'$，若以整体为研究对象，则为内力；若以斜杆

CD 或横梁 AB 为研究对象，则为外力。

本题若只需画出横梁或整体的受力图，则在画 C 处或 D 处的约束力时，仍须先考虑斜杆的受力情况。由此可见，在画研究对象的约束力时，一般应先观察有无与二力构件有关的约束力，若有的话，将其先画出，然后再画其他的约束力。

例 1-5 组合梁 AB 的 D、E 处分别受到力 F 和力偶 M 的作用，如图 1-36(a)所示，梁的自重不计，试分别画出整体、BC 部分及 AC 部分的受力图。

解：(1)画整体的受力图。作用于整体上的力有：主动力 F、M，约束力 F_{Ax}、F_{Ay}、M_A 及 F_B，指向与转向均为假定。图 1-36(b)为整体的受力图。

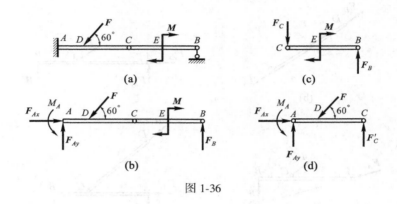

图 1-36

(2)画 BC 部分的受力图。BC 部分的 E 处受到主动力偶 M 的作用。B 处为活动铰支座，约束力 F_B 垂直于支承面；C 处为铰链约束，约束力 F_C 通过铰链中心。由于力偶必须与力偶相平衡，故 F_B 的指向向上，F_C 的方向铅直向下。图 1-36(c)为 BC 部分的受力图。

(3)画 AC 部分的受力图，AC 部分的 D 处受到主动力 F 的作用。C 处的约束力为 F_C'，F_C' 与 F_C 互为作用力与反作用力。A 处为固定端，约束力为 F_{Ax}、F_{Ay}、M_A。图 1-36(d)为 AC 部分的受力图。

通过以上例题可以看出，为保证受力图的正确性，不能多画力、少画力和错画力。为此，应着重注意以下几点：

(1)遵循约束的性质。凡研究对象与周围物体相连接处，都有约束力。约束力的个数和方向必须严格按约束的性质去画，当约束力的指向不能预先确定时，可以假定。

(2)遵循力与力偶的性质。主要有二力平衡公理、三力平衡汇交定理及作用与反作用定律。若作用力的方向一经确定(或假定)，则反作用力的方向必与之相反。

(3)只画外力，不画内力。

1.7 本 章 小 结

1.7.1 力的概念及性质

1. 力的概念

力是物体间相互的机械作用。

力对物体的效应取决于力的三要素：力的大小、方向和作用点。

2. 力的性质

(1)公理 1(二力平衡条件)；

(2)公理 2(加减平衡力系公理)；

(3)公理 3(力的平行四边形法则)；

(4)公理 4(作用与反作用定律)；

(5)公理 5(刚化原理)。

1.7.2　力矩及力偶

1. 力矩的概念

力使物体绕某点(或某轴)转动效应的度量，表示为：

$$M_O(\boldsymbol{F}) = \pm Fd$$

2. 力矩的性质

(1)力对点之矩不但与力的大小和方向有关，还与矩心的位置有关。

(2)当力的大小为零或力的作用线通过矩心(即力臂 $d=0$)时，则力矩恒等于零。

(3)当力沿其作用线移动时，并不改变力对点之矩。

3. 力偶的概念

大小相等、方向相反、作用线相互平行的两个力，称为力偶，表示为：

$$M = \pm Fd$$

4. 力偶的性质

(1)力偶对物体不产生移动效应，因此力偶没有合力。

(2)力偶对其作用面内任一点的矩恒等于力偶矩，而与矩心位置无关。

(3)在同一平面内的两个力偶，如果它们的力偶矩大小相等、转向相同，则这两个力偶等效。

1.7.3　荷载的分类

荷载按作用的性质可分为静荷载和动荷载，按作用时间的长短可分为恒荷载和活荷载，按作用范围可分为集中荷载和分布荷载。

1.7.4　工程中常见的几种约束

(1)柔索约束；

(2)光滑接触面约束；

(3)光滑铰链约束；

(4)固定铰支座约束；

(5)活动铰支座约束；

(6)固定端约束。

1.7.5　实际结构的简化

1. 结构杆件的简化

2. 结点的简化

(1)铰结点；

(2)刚结点。

3. 支座的简化

(1)固定铰支座；

(2)活动铰支座；

(3)固定端支座。

4. 荷载的简化

常将荷载简化为作用在杆件轴线上的线分布荷载、集中荷载和力偶。

1.7.6　物体受力分析及受力图

1. 物体受力分析主要步骤

(1)确定研究对象，取出分离体。

(2)画出所有的主动力。

(3)分析约束并画出约束反力。

2. 注意事项

(1)遵循约束的性质。

(2)遵循力与力偶的性质。

(3)只画外力，不画内力。

第2章 平面力系的合成与平衡

【本章要求】 掌握平面几种力系的合成和平衡问题，会应用力系的平衡方程解物体及物体系统的平衡问题。

【本章重点】 平面一般力系的简化和平衡；物体及物体系统平衡问题的解法。

在工程实际问题中，物体的受力情况往往比较复杂，为了研究力系对物体的作用效应，或讨论物体在力系作用下的平衡规律，需要将力系进行等效简化。力系简化理论也是静力学的重要内容。

根据力系中诸力的作用线在空间的分布情况，可将力系进行分类。力的作用线均在同一平面内的力系称为平面力系，力的作用线为空间分布的力系称为空间力系。

在平面力系中，若各力的作用线均汇交于同一点的力系称为平面汇交力系；若各力的作用线互相平行的力系称为平面平行力系；若组成力系的元素都是力偶，这样的力系称为平面力偶系；若力的作用线的分布是任意的，既不相交于一点，也不都相互平行，这样的力系称为平面一般力系。

类似于平面力系的分类，空间力系也可细分为空间汇交力系、空间力偶系、空间任意力系、空间平行力系等。

平面力系是一种比较常见的力系，例如，屋架受到屋面自重和积雪等重力载荷 W、风力 F 以及支座反力 F_{Ax}、F_{Ay}、F_B 的作用，这些力的作用线在同一平面内，组成一个平面力系(图 2-1(a))。又如曲柄连杆机构上受到转矩 M、阻力 F 以及约束力 F_{Ox}、F_{Oy}、F_B 的作用，这些力显然也组成一个平面力系(图 2-1(b))。

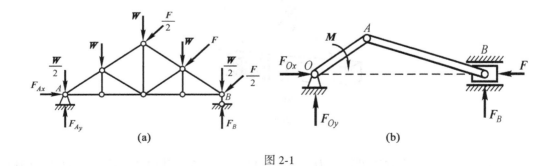

图 2-1

在工程中，大多数力系都是空间力系，但由于空间力系中的各力处在空间的不同位置，对其进行力学计算多有不便，因此，为了便于计算，通常对能够简化的空间力系尽量简化为平面力系来计算。例如水坝(图 2-2(a))，通常取单位长度的坝段进行受力分析，并将坝段所受的力简化为作用于坝段中央平面内的一个平面力系(图 2-2(b))。

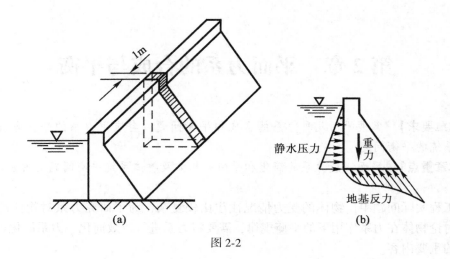

图 2-2

平面力系也是研究空间力系的基础,本章着重研究平面力系的合成与平衡问题。

2.1 平面汇交力系的合成与平衡

平面汇交是指各力作用线位于同一平面内且汇交于同一点的力系,如起重机起吊重物时,如图 2-3 所示,作用于吊钩 C 的力有:钢绳的拉力 F_3 及绳 AC 和 BC 的拉力 F_1 及 F_2。所示,它们都在同一铅直平面内并汇交于 C 点,组成一个平面汇交力系。

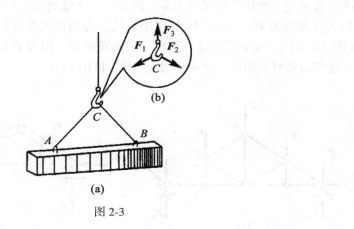

图 2-3

平面汇交力系的合成方法可以分为几何法与解析法,其中几何法是应用力的平行四边形法则(或力的三角形法则),用几何作图的方法,研究力系中各分力与合力的关系,从而求力系的合力;而解析法则是用列方程的方法,研究力系中各分力与合力的关系,然后求力系的合力。下面分别介绍。

2.1.1　几何法

首先回顾用几何法合成两个汇交力。如图 2-4(a) 所示，设在物体上作用有汇交于 O 点的两个力 F_1 和 F_2，根据力的平行四边形法则，可知合力 F_R 的大小和方向是以两力 F_1 和 F_2 为邻边的平行四边形的对角线来表示，合力 F_R 的作用点就是这两个力的汇交点 O。也可以取平行四边形的一半即利用力的三角形法则求合力，如图 2-4(b) 所示。

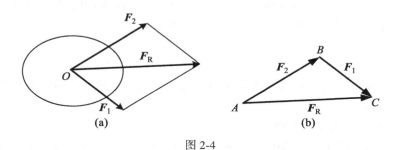

图 2-4

对于由多个力组成的平面汇交力系，可以连续应用力的三角形法则进行力的合成。设作用在刚体上的 4 个力 F_1、F_2、F_3 和 F_4 汇交于点 O，如图 2-5(a) 所示。为求出通过汇交点 O 的合力 F_R，连续应用力三角形法则得到开口的力多边形 $abcde$，最后力多边形的封闭边矢量 $\overrightarrow{ae}$ 就确定了合力 F_R 的大小和方向，如图 2-5(b) 所示，这种通过力多边形求合力的方法称为力多边形法则。改变分力的作图顺序，力多边形改变，如图 2-5(c) 所示，但其合力 F_R 不变。

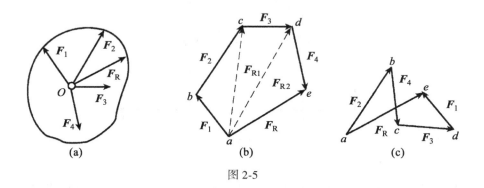

图 2-5

由此看出，汇交力系的合成结果是一合力，合力的大小和方向由各力的矢量和确定，作用线通过汇交点。对于空间汇交力系，按照力多边形法则，得到的是空间力多边形。

将这一作法推广到由 n 个力组成的平面汇交力系，可得结论：平面汇交力系合成的最终结果是一个合力，合力的大小和方向等于力系中各分力的矢量和，可由力多边形的封闭边确定，合力的作用线通过力系的汇交点。矢量关系式为：

$$F_R = F_1 + F_2 + \cdots F_n = \sum_{i=1}^{n} F_i = \sum F_i$$

显然，物体在平面汇交力系作用下平衡的必要和充分条件是力系的合力等于零，即

$$\sum F_i = 0 \tag{2-1}$$

如上所述，平面汇交力系的合力是用力多边形的封闭边来表示的。当合力等于零时，力多边形的封闭边（图 2-5(b) 和图 2-5(c) 中的 F_R 边）不再存在。所以，平面汇交力系平衡的几何条件是力系中各力构成自行封闭的力多边形。

对于由多个力组成的平面汇交力系，用几何法进行简化的优点是直观、方便、快捷，画出力多边形后，按与画分力同样的比例，用尺子和量角器即可量得合力的大小和方向。但是，这种方法要求画图精确、准确，否则误差会较大。

2.1.2　解析法

求解平面汇交力系合成的另一种常用方法是解析法。这种方法是以力在坐标轴上的投影为基础建立方程的。

1. 力在平面直角坐标轴上的投影

设力 F 用矢量 AB 表示，如图 2-6 所示。取直角坐标系 Oxy，使力 F 在 Oxy 平面内。过力矢 AB 的两端点 A 和 B 分别向 x、y 轴作垂线，得垂足 a、b 及 a'、b'，带有正负号的线段 ab 与 $a'b'$ 分别称为力 F 在 x、y 轴上的投影，记作 F_x、F_y。并规定：当力的始端的投影到终端的投影的方向与投影轴的正向一致时，力的投影取正值；反之，当力的始端的投影到终端的投影的方向与投影轴的正向相反时，力的投影取负值。

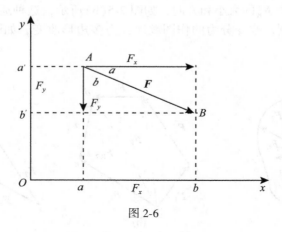

图 2-6

力的投影的值与力的大小及方向有关，设力 F 与 x 轴的夹角为 α，则从图 2-6 可知：

$$F_x = F\cos\alpha$$
$$F_y = -F\sin\alpha \tag{2-2}$$

一般情况下，若已知力 F 与 x 和 y 轴所夹的锐角分别为 α、β，则该力在 x、y 轴上的投影分别为：

$$F_x = \pm F\cos\alpha$$
$$F_y = \pm F\cos\beta \tag{2-3}$$

需要注意的是，力是矢量，而力在坐标轴上的投影则是代数量。

反过来，若已知力 $\boldsymbol{F}$ 在坐标轴上的投影 F_x、F_y，亦可求出该力的大小和方向角：

$$F = \sqrt{F_x^2 + F_y^2}$$

$$\tan\alpha = \left| \frac{F_y}{F_x} \right| \tag{2-4}$$

式中：α 为力 $\boldsymbol{F}$ 与 x 轴所夹的锐角，其所在的象限由 F_x、F_y 的正负号来确定。

2. 合力投影定理

设有力系 $\boldsymbol{F}_1$，$\boldsymbol{F}_2$，$\cdots$，$\boldsymbol{F}_n$，其合力为 $\boldsymbol{F}_R$，则由于力系的合力与整个力系等效，所以合力在某轴上的投影一定等于各分力在同一轴上的投影的代数和(证明从略)，这一结论称为合力投影定理，写为

$$\begin{cases} F_{Rx} = F_{x1} + F_{x2} + \cdots + F_{xn} = \sum F_{xi} \\ F_{Ry} = F_{y1} + F_{y2} + \cdots + F_{yn} = \sum F_{yi} \end{cases} \tag{2-5}$$

3. 用解析法求平面汇交力系的合力

当平面汇交力系为已知时，如图 2-7 所示，我们可选直角坐标系，先求出力系中各力在 x 轴和 y 轴上的投影，再根据合力投影定理求得合力 $\boldsymbol{F}_R$ 在 x 轴、y 轴上的投影 F_{Rx}、F_{Ry}。根据图 2-7 中的几何关系，可见合力 $\boldsymbol{F}_R$ 的大小和方向由下式确定：

$$\left. \begin{array}{l} F_R = \sqrt{F_{Rx}^2 + F_{Ry}^2} = \sqrt{\left(\sum F_{xi} \right)^2 + \left(\sum F_{yi} \right)^2} \\ \tan\alpha = \dfrac{|F_{Ry}|}{|F_{Rx}|} = \dfrac{|\sum F_{iy}|}{|\sum F_{ix}|} \end{array} \right\} \tag{2-6}$$

式中：α 为合力 $\boldsymbol{F}_R$ 与 x 轴所夹的锐角。$\boldsymbol{F}_R$ 的指向由 $\sum F_{Rx}$ 和 $\sum F_{Ry}$ 的正负号来确定。合力的作用线通过力系的汇交点 O。

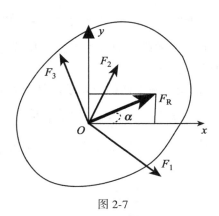

图 2-7

下面举例说明如何求平面汇交力系的合力。

例 2-1　如图 2-8(a)所示，固定的圆环上作用着共面的三个力，已知 $F_1 = 10\text{kN}$，$F_2 = 20\text{kN}$，$F_3 = 25\text{kN}$，三力均通过圆心 O，试求此力系合力的大小和方向。

解：运用两种方法求解合力。

（1）几何法

取比例尺为：1cm 代表 10kN，画力多边形如图 2-8（b）所示，其中 $ab=|\boldsymbol{F}_1|$，$bc=|\boldsymbol{F}_2|$，$cd=|\boldsymbol{F}_3|$。从起点 a 向终点 d 作矢量 $\boldsymbol{ad}$，即得合力 $\boldsymbol{R}$。由图上量得，$ad=4.4$cm，根据比例尺可得，$\boldsymbol{R}=44$kN；合力 $\boldsymbol{R}$ 与水平线之间的夹角用量角器量得 $\alpha=22°$。

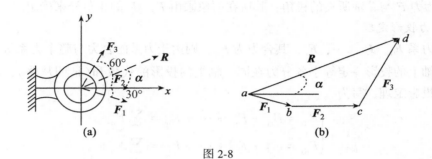

图 2-8

（2）解析法

取如图 2-8（a）所示的直角坐标系 O_{xy}，则合力的投影大小分别为

$$R_x = F_1\cos30° + F_2 + F_3\cos60° = 41.16\text{kN}$$
$$R_y = -F_1\sin30° + F_3\sin60° = 16.65\text{kN}$$

因此合力 $\boldsymbol{R}$ 的大小为

$$R = \sqrt{R_x^2 + R_y^2} = \sqrt{41.16^2 + 16.65^2} = 44.40\text{kN}$$

合力 $\boldsymbol{R}$ 的方向为

$$\tan\alpha = \frac{|R_y|}{|R_x|} = \frac{16.65}{41.16}$$

$$\alpha = \arctan\frac{|R_y|}{|R_x|} = \arctan\frac{16.65}{41.16} = 21.79°$$

由于 $R_x>0$，$R_y>0$，故 α 在第一象限，而合力 $\boldsymbol{R}$ 的作用线通过汇交力系的汇交点 O。

4. 平面汇交力系平衡的解析条件

由前面的讲解可知，平面汇交力系平衡的充要条件是合力 $\boldsymbol{F}_R = 0$，即

$$F_R = \sqrt{F_{Rx}^2 + F_{Ry}^2} = \sqrt{\left(\sum F_{xi}\right)^2 + \left(\sum F_{yi}\right)^2} = 0$$

由上式可知，$\sum F_{ix}$ 和 $\sum F_{iy}$ 必须分别等于零。因此可得平面汇交力系平衡的解析条件为

$$\sum F_{xi} = 0$$
$$\sum F_{yi} = 0 \tag{2-7}$$

即力系中各力在两个坐标轴上的投影的代数和应分别等于零。式（2-7）为平面汇交力系的平衡方程。应用这两个相互独立的平衡方程可求解平面汇交力系中有两个未知量的平衡问题。

还须指出，利用上述平衡方程求解平面汇交力系的平衡问题时，受力图中的未知力的

指向是可以任意假设。若计算结果为正值，则表示假设的指向就是实际的指向；若计算结果为负值，则表示假设的指向与实际指向相反。

例 2-2　支架如图 2-9(a)所示，由杆 AB 与 AC 组成，A、B、C 处均为铰链，在圆柱销 A 上悬挂重量为 G 的重物，试求杆 AB 与 AC 所受的力。

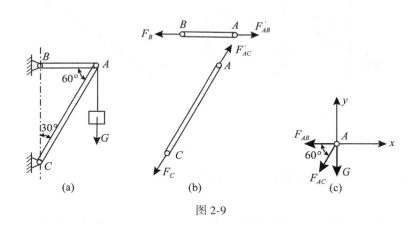

图 2-9

解： (1)取圆柱销 A 为研究对象，画受力图作用于圆柱销 A 上有重力 G，杆 AB 和 AC 的作用力分别为 F_{AB} 和 F_{AC}(图 2-9(c))。因为杆 AB 和 AC 均为二力杆(图 2-9(b))，所以力 F_{AB} 和 F_{AC} 的方向必分别沿杆 AB 和 AC 两端的连线，指向假定。圆柱销 A 受力如图 2-9(c)所示，显然这是一个平面汇交的平衡力系。

(2)建立坐标系如图 2-9(c)所示，列平衡方程：

$$\sum F_x = 0, \quad -F_{AB} - F_{AC}\cos 60° = 0 \qquad ①$$

$$\sum F_y = 0, \quad -F_{AC}\sin 60° - G = 0 \qquad ②$$

由式②得

$$F_{AC} = -\frac{G}{\sin 60°} = -\frac{2\sqrt{3}}{3}G(杆\ AC\ 受压)$$

将 F_{AC} 代入式①得

$$F_{AB} = -F_{AC}\cos 60° = \frac{2\sqrt{3}}{3}G \times \frac{1}{2} = \frac{\sqrt{3}}{3}G(杆\ AB\ 受拉)$$

例 2-3　起重架可借绕过滑轮 A 的绳索将重 $W = 20\text{kN}$ 的重物吊起，滑轮 A 用 AB 及 AC 两杆支承(图 2-10(a))。设两杆的自重及滑轮 A 的大小、自重均不计，求杆 AB、AC 的受力。

解： 如果将杆 AB、AC 作用于滑轮 A 的力求出，则两杆所受的力即可求出(互为作用力与反作用力)。因为重物的重力与绳索的拉力均作用于滑轮上，故取滑轮 A 为研究对象。

画出滑轮 A 的受力图(图 2-10(b))。其中杆 AB、AC 作用于滑轮的力 F_{AB}、F_{AC} 分别沿杆的轴线，指向假定；绳索的拉力 $F_T = W = 20\text{kN}$。因不计滑轮 A 的大小，故诸力组成一个平面汇交力系。

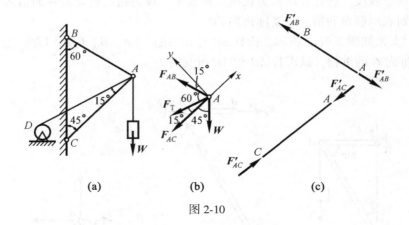

图 2-10

建立坐标系 Axy（图 2-10(b)），列出平衡方程：

$$\sum F_x = 0, \quad -W\cos45° - F_{AC} - F_{T}\cos15° - F_{AB}\cos75° = 0 \quad ①$$

$$\sum F_y = 0, \quad -W\sin45° + F_{T}\sin15° + F_{AB}\sin75° = 0 \quad ②$$

由式②得

$$F_{AB} = \frac{W\sin45° - F_{T}\sin15°}{\sin75°} = 9.28\text{kN}$$

代入式①得

$$F_{AC} = -W\cos45° - F_{T}\cos15° - F_{AB}\cos75° = -35.9\text{kN}$$

$\boldsymbol{F}_{AB}$ 为正值，表明力 $\boldsymbol{F}_{AB}$ 的指向与假定的指向相同，杆 AB 所受的力 $\boldsymbol{F}_{AB}'$ 与 $\boldsymbol{F}_{AB}$ 等值反向，杆 AB 受拉力作用；同理，杆 AC 受压力作用（图 2-10(c)）。

2.2 平面力偶系的合成与平衡

第 1 章中已论述了力偶的概念及性质，本节进一步讨论平面力偶系的合成与平衡问题。作用在某物体上有由多个力偶组成的力系，称为力偶系；作用面在同一个平面内的力偶系，称为平面力偶系。

2.2.1 平面力偶系的合成

设在同一平面内的两个力偶 $(\boldsymbol{F}_1、\boldsymbol{F}_1')$、$(\boldsymbol{F}_2、\boldsymbol{F}_2')$，力偶臂分别为 d_1，d_2，转向如图 2-11 所示，现求其合成结果。

两个力偶的矩分别为：$M_1 = F_1 d_1$，$M_2 = F_2 d_2$，经等效变换后，各力偶中力的大小分别为

$$F_{d1} = \frac{M_1}{d}, \quad F_{d2} = \frac{M_2}{d}$$

其合力大小为

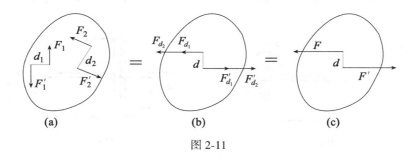

图 2-11

$$F = F_{d1} + F_{d2}, \quad F' = F'_{d1} + F'_{d2},$$

且 $F = -F'$，则合力偶的力偶矩为

$$M = Fd = (F_{d1} + F_{d2})d = F_{d1}d + F_{d2}d = M_1 + M_2$$

推广到由任意多个力偶组成的平面力偶系，合力偶矩为

$$M = M_1 + M_2 + \cdots + M_n = \sum M_i$$

结论：平面力偶系合成的结果是一个力偶，它的矩等于原来各力偶的矩的代数和。

2.2.2　平面力偶系的平衡条件

平面力偶系可以合成为一个合力偶，当合力偶矩等于零时，则力偶系中的各力偶对物体的转动效应相互抵消，物体处于平衡状态。因此，平面力偶系平衡的必要和充分条件是：力偶系中所有力偶矩的代数和等于零。用式子表示为

$$\sum M_i = 0$$

例 2-3　横梁 AB 在平面内受一力偶作用，支撑情况如图 2-12（a）所示。已知梁长 $AB = l$，力偶矩为 M，梁的自重不计。求 A 和 B 端的约束反力。

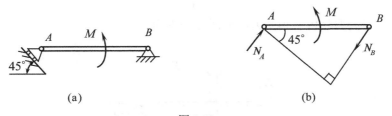

图 2-12

解：选 AB 梁为研究对象。因梁只受主动力偶的作用，则两个约束反力必构成力偶。如图 2-12（b）所示，已知 N_A 的方向，N_B 应与 N_A 平行，并且反向。列力偶系平衡方程：

$$\sum M_A = 0: \quad M - N_A l\cos45° = 0$$

解得：

$$N_A = N_B = \frac{M}{l\cos45°} = \frac{\sqrt{2}}{l}M$$

例 2-4 构件的支承及荷载情况如图 2-13 所示，求支座 A、B 的约束反力。

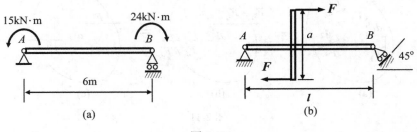

图 2-13

解：(a)对 AB 杆受力分析，画受力图如图 2-14 所示。

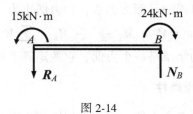

图 2-14

列平衡方程：

$$\sum M = 0：m(N_B, \boldsymbol{R}_A) - 24 + 15 = 0$$
$$m(N_B, \boldsymbol{R}_A) = N_B \times 6 = R_A \times 6 = 9\text{kN} \cdot \text{m}$$

解方程，得

$$N_B = R_A = \frac{9}{6} = 1.5\text{kN}$$

(b) 对 AB 杆受力分析，画受力图如图 2-15 所示。

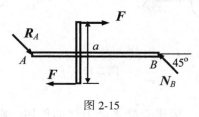

图 2-15

列平衡方程：

$$\sum M = 0：m(N_B, R_A) - Fa = 0$$
$$m(N_B, R_A) = N_B \times l\cos45° = R_A \times l\cos45° = Fa$$

解方程，得

$$N_B = R_A = \frac{Fa}{l\cos45°} = \frac{\sqrt{2}\,Fa}{l}$$

2.3　平面一般力系的合成与平衡

当平面力系中各力的作用线既不完全平行又不汇交于同一点时,则该力系称为平面一般力系。例如作用在如图 2-16 所示的三铰拱和简支刚架上的力系均为平面一般力系。

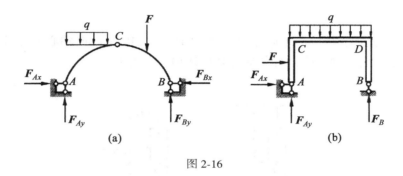

图 2-16

平面一般力系是工程中最常见也是最重要的力系,它涵盖了前面所讲的各种平面特殊力系在内的所有平面力系,本节讨论平面一般力系的合成与平衡问题。

平面一般力系简化的理论基础是力的平移定理,而平衡条件是在力系简化的基础上建立的,所以本节先介绍力线平移定理。

2.3.1　力线平移定理

设在刚体上 A 点作用一个力 F,现要将它平行移动到刚体内任一点 O(图 2-17(a)),而不改变它对刚体的作用效应。为此,可在 O 点加上一对平衡力 F' 和 F'',并使它们的作用线与力 F 的作用线平行,且 $F' = F'' = F$(图 2-17(b))。根据加减平衡力系公理,三个力 F、F'、F'' 与原力 F 对刚体的作用效应相同。力 F、F'' 组成一个力偶 M,其力偶矩等于原力 F 对 O 点之矩,即

$$M = Fd$$

这样,就把作用于 A 点的力 F 平行移动到了任一点 O,但同时必须加上一个相应的力偶,称为附加力偶(图 2-17(c))。

由此得到力线平移定理:作用于刚体上的力可以平行移动到刚体内任一指定点,但必须同时附加一个力偶,此附加力偶的矩等于原力对指定点之矩。

根据力线平移定理,也可以将同一平面内的一个力和一个力偶合成为一个力,合成的过程就是图 2-17 的逆过程。

力线平移定理不仅是力系向一点简化的理论依据,而且也是分析力对物体作用效应的一个重要方法。例如,在设计厂房的柱子时,通常都要将作用于牛腿上的力 F(图 2-18 (a))平移到柱子的轴线上(图 2-18(b)),可以看出,轴向力 F' 使柱产生压缩,而力偶矩

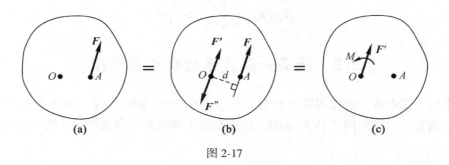

图 2-17

M 将使柱弯曲。又如，将作用于齿轮 O 上的力 F（图 2-19（a））向轴心 O 点平移（图 2-19（b）），可知力 F' 将使轴弯曲，而力偶矩 M 则使轴产生扭转。

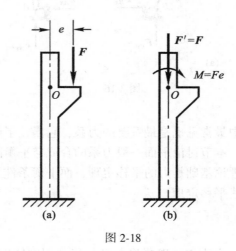

图 2-18

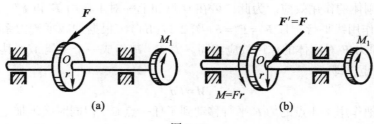

图 2-19

2.3.2　平面力系向一点的简化

设在物体上作用着一个平面力系 F_1，F_2，$\cdots$，F_n，各力的作用点分别为 A_1，A_2，$\cdots$，A_n（图 2-20）。为了分析此力系对物体的作用效应，在物体内任选一点 O，称点 O 为简化中心，利用力的平移定理，将各力平移到 O 点，得到一个作用于 O 点的平面汇交力系 F_1'，F_2'，$\cdots$，F_n' 和一个附加的平面力偶系 M_{O1}，M_{O2}，$\cdots$，M_{On}（图 2-20（b）），这些

附加力偶的矩分别等于原力系中的力对 O 点之矩，即
$$M_{O1} = M_O(\boldsymbol{F}_1)，M_{O2} = M_O(\boldsymbol{F}_2)，\cdots，M_{On} = M_O(\boldsymbol{F}_n)$$

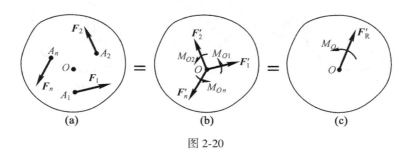

图 2-20

平面汇交力系 $\boldsymbol{F}_1'，\boldsymbol{F}_2'，\cdots，\boldsymbol{F}_n'$ 可合成为一个力 $\boldsymbol{F}_R'$，即
$$\boldsymbol{F}_R' = \boldsymbol{F}_1' + \boldsymbol{F}_2' + \cdots + \boldsymbol{F}_n'$$

因
$$\boldsymbol{F}_1' = \boldsymbol{F}_1，\boldsymbol{F}_2' = \boldsymbol{F}_2，\cdots，\boldsymbol{F}_n' = \boldsymbol{F}_n$$

故
$$\boldsymbol{F}_R' = \boldsymbol{F}_1 + \boldsymbol{F}_2 + \cdots + \boldsymbol{F}_n = \sum \boldsymbol{F}_i \tag{2-8}$$

平面力偶系 $\boldsymbol{M}_{O1}，\boldsymbol{M}_{O2}，\cdots，\boldsymbol{M}_{On}$ 可合成为一个力偶，这个力偶的矩 M_O 为
$$M_O = M_{O1} + M_{O2} + \cdots + M_{On} = \sum M_{Oi} \tag{2-9}$$

因此，原力系就简化为作用于 O 点的一个力和一个力偶（图 2-20（c）），力 $\boldsymbol{F}_R'$ 等于原力系中各力的矢量和，称为原力系的主矢；力偶矩 M_O 等于原力系中各力对简化中心之矩的代数和，称为原力系对简化中心 O 的主矩。

如果选取的简化中心不同，由式（2-8）和式（2-9）可见，主矢不会改变，故它与简化中心的位置无关；但力系中各力对不同简化中心的矩一般是不相等的，因此主矩一般与简化中心的位置有关。

结论：平面一般力系向平面内任一点简化，可得一个力和一个力偶，这个力等于该力系的主矢，作用线通过简化中心。这个力偶的矩等于该力系对简化中心的主矩。

如图 2-21 所示，取坐标系 Oxy，$\boldsymbol{i}，\boldsymbol{j}$ 为沿 x，y 轴的单位矢量，则力系主矢 $\boldsymbol{F}_R'$ 的大小和方向为
$$F_R' = \sqrt{F_{Rx}'^2 + F_{Ry}'^2} = \sqrt{\left(\sum F_{xi}\right)^2 + \left(\sum F_{yi}\right)^2}$$
$$\tan\alpha = \left| \frac{F_{Ry}'}{F_{Rx}'} \right| = \left| \frac{\sum F_{yi}}{\sum F_{xi}} \right|$$

力系对 O 点的主矩的解析表达式为
$$M_O = \sum M_O(\boldsymbol{F}_i) \tag{2-10}$$

简化结果的讨论：

平面力系向一点的简化结果，一般可得到一个力和一个力偶，而其最终结果可能为以

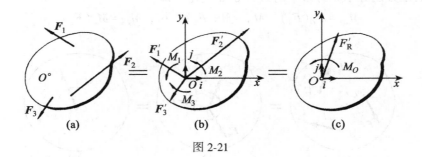

图 2-21

下三种情况：

（1）力系可简化为一个合力偶。当 $F'_R=0$，$M_O \neq 0$ 时，力系与一个力偶等效，即力系可简化为一个合力偶。合力偶矩等于主矩。此时，主矩与简化中心的位置无关。

（2）力系可简化为一个合力。

①当 $F'_R \neq 0$，$M_O=0$ 时，力系与一个力等效，即力系可简化为一个合力。合力的大小、方向与主矢相同，合力的作用线通过简化中心。

②当 $F'_R \neq 0$，$M_O \neq 0$ 时，根据力的平移定理逆过程，可将 F'_R 和 M_O 简化为一个合力 F_R（图 2-22）。合力的大小、方向与主矢相同，合力作用线不通过简化中心。距离 $d = \dfrac{M_O}{F'_R} = \dfrac{M_O}{F_R}$。

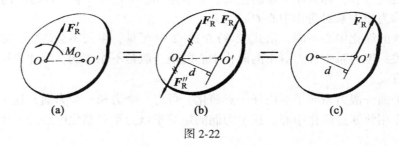

图 2-22

由此可以推出合力矩定理：平面一般力系可简化成为一个合力，则合力对作用面内任一点的矩等于原力系中各力对同一点的矩的代数和。

证明：合力对 O 点的矩为

$$M_O(F_R) = F_R d = M_O$$

由式（2-10）得

$$M_O = \sum M_O(F_i)$$

所以

$$M_O(F_R) = \sum M_O(F_i)$$

（3）力系处于平衡状态。当 $F'_R=0$，$M_O=0$ 时，力系为平衡力系。

例 2-5　有一小型砌石坝，取 1m 长的坝段来考虑，将坝所受的重力和静水压力简化到中央平面内，得到力 $\boldsymbol{W}_1$、$\boldsymbol{W}_2$ 和 $\boldsymbol{F}$（图 2-23）。已知 $W_1 = 600\mathrm{kN}$，$W_2 = 300\mathrm{kN}$，$F = 350\mathrm{kN}$。求此力系分别向 O 点和 A 点简化的结果。如果能进一步简化为一个合力，再求合力作用线的位置。

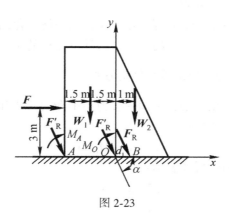

图 2-23

解：（1）力系向 O 点简化力系的主矢 $\boldsymbol{F}_R'$ 在 x、y 轴上的投影分别为

$$F_{Rx}' = \sum F_{ix} = F = 350\mathrm{kN}$$

$$F_{Ry}' = \sum F_{iy} = -W_1 - W_2 = -900\mathrm{kN}$$

由式（2-8），主矢的大小和方向分别为

$$F_R' = \sqrt{F_{Rx}'^2 + F_{Ry}'^2} = 965.7\mathrm{kN}$$

$$\tan\alpha = \frac{F_{Ry}'}{F_{Rx}'} = -2.571, \quad \alpha = -68.75°$$

因 F_{Rx}' 为正，F_{Ry}' 为负，故主矢 F_R' 的指向如图 2-23 所示。

由式（2-9），力系的主矩为

$$M_O = \sum M_{Oi} = -F \times (3\mathrm{m}) + W_1 \times (1.5\mathrm{m}) - W_2 \times (1\mathrm{m}) = -450\mathrm{kN} \cdot \mathrm{m}$$

负号表示主矩 M_O 顺时针转向。

根据力的平移定理，本问题中主矢 $\boldsymbol{F}_R'$ 与主矩 M_O 还可进一步简化为一个合力 $\boldsymbol{F}_R$，其大小、方向与主矢 $\boldsymbol{F}_R'$ 相同。设合力 $\boldsymbol{F}_R$ 的作用线与 x 轴的交点 B 到 O 点的距离为 d_1，由合力矩定理，有

$$| F_R \cdot d_1 \sin\alpha | = | M_O |$$

因

$$| F_R \sin\alpha | = | F_{Ry}' |$$

故

$$d_1 = \frac{| M_O |}{| F_{Ry}' |} = 0.5\mathrm{m}$$

（2）力系向 A 点简化主矢 $\boldsymbol{F}_R'$ 与上面的计算结果相同。主矩为

$$M_A = \sum M_{Ai} = -F \times (3\mathrm{m}) - W_1 \times (1.5\mathrm{m}) - W_2 \times (4\mathrm{m}) = -3150\mathrm{kN} \cdot \mathrm{m}$$

转向如图 2-21 所示。最后可简化为一个合力，合力作用线与 x 轴的交点到 A 点的距离为

$$d_2 = \frac{|M_A|}{|F'_{Ry}|} = 3.5\text{m}$$

显然，合力作用线仍通过 B 点。

由上面的例题可见，力系无论向哪一点简化，其最终简化结果总是相同的。这是因为一个给定的力系对物体的效应是唯一的，不会因计算途径的不同而改变。

2.3.3　平面一般力系的平衡条件和平衡方程

根据平面一般力系的简化结果，平面一般力系平衡的必要和充分条件是：力系的主矢和力系对其作用面内任一点的主矩都等于零，即

$$F'_R = 0, \quad M_O = 0$$

该平衡条件可用下面的解析式表示：

$$\begin{cases} \sum F_x = 0 \\ \sum F_y = 0 \\ \sum M_O(F) = 0 \end{cases} \tag{2-11}$$

为书写方便，已将上式中的下标 i 略去。式(2-11)称为平面力系的平衡方程。其中前两式称为投影方程，表示力系中所有各力在两个坐标轴上投影的代数和分别等于零；后一式称为力矩方程，表示力系中所有各力对任一点之矩的代数和等于零。

3 个独立的平衡方程，其中只有一个力矩方程，这种形式的平衡方程称为一矩式。由于投影轴和矩心是可以任意选取的。因此，在实际解题时，为了简化计算，平衡方程组中的力的投影方程可以部分或全部地用力矩方程替代，从而得到平面一般力系平衡方程的二矩式、三矩式。三种形式的平衡方程是平面一般力系平衡条件的解析表达式，见表 2-1。

表 2-1

问题 形式	平衡方程	平衡条件	平衡方程限制条件
基本形式	$\sum F_x = 0$ $\sum F_y = 0$ $\sum M_A(F) = 0$	$F'_R = 0$ $M_A = 0$	一般设 x 和 y 轴相互垂直，但在特殊情况下，为解题方便，可设 x 和 y 轴相互不垂直，但不能使两轴平行
二矩形式	$\sum F_x = 0$ $\sum M_A(F) = 0$ $\sum M_B(F) = 0$	$F'_R = 0$ $M_A = 0$	A、B 两点连线与 x 不垂直

续表

问题 形式	平衡方程	平衡条件	平衡方程限制条件
三矩形式	$\sum M_A(F) = 0$ $\sum M_B(F) = 0$ $\sum M_C(F) = 0$	$F'_R = 0$ $M_A = 0$	A、B、C 三点不共线

例 2-6　如图 2-22（a）所示为悬臂式起重机，A，B，C 处为铰接，AB 梁自重为 $W_1 = 1kN$，提起重物为 $W_2 = 8kN$，BC 杆重不计，求支座 A 处反力和 BC 杆所受力。

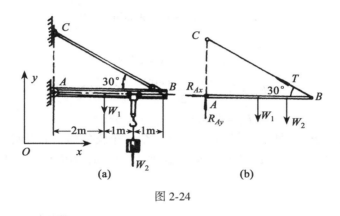

图 2-24

解：取 AB 梁为研究对象，其受力如图 2-24（b）所示。BC 为二力杆，它的约束反力 T 沿 BC 方向。列平衡方程：

$$\sum F_x = 0： R_{Ax} - T\cos30° = 0$$

$$\sum F_y = 0： R_{Ay} - W_1 - W_2 + T\sin30° = 0$$

$$\sum M_A(F) = 0： Tl_{AB}\sin30° - 2W_1 - 3W_2 = 0$$

解得

$$T = 13kN, \quad R_{Ax} = 11.26kN, \quad R_{Ay} = 2.5kN$$

例 2-7　绞车通过钢丝绳牵引小车沿斜面轨道匀速上升（图 2-25（a）），已知小车重 $W = 10kN$，绳与斜面平行，$\alpha = 30°$，$a = 0.75m$，$b = 0.3m$，不计摩擦。求钢丝绳的拉力及轨道对于车轮的约束力。

解：取小车为研究对象。作用于小车上的力有重力 W，钢丝绳拉力 F_T，轨道在 A、B 处的约束力 F_A 及 F_B。小车沿轨道作匀速直线运动，则作用于小车上的力必须满足平衡条件。选未知力 F_T 与 F_A 的交点 O 为矩心，坐标系 Oxy 如图 2-25（b）所示，列平衡方程：

$$\sum F_x = 0： -F_T + W\sin\alpha = 0$$

$$\sum F_y = 0： F_A + F_B - W\cos\alpha = 0$$

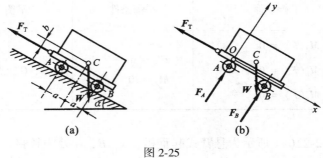

图 2-25

$$\sum M_O = 0: \ 2F_B a - Wa\cos\alpha - Wb\sin\alpha = 0$$

解得

$$F_T = W\sin\alpha = 5\text{kN}$$

$$F_B = W\frac{a\sin\alpha + b\sin\alpha}{2a} = 5.33\text{kN}$$

$$F_A = W\sin\alpha - F_B = 3.33\text{kN}$$

例 2-8　如图 2-26(a) 所示，梁 AB 上受到一个均布载荷和一个力偶作用，已知载荷集度 $q = 100\text{N/m}$，力偶矩大小 $M = 500\text{N} \cdot \text{m}$。长度 $AB = 3\text{m}$，$DB = 1\text{m}$。求活动铰支 D 和固定铰支 A 的反力。

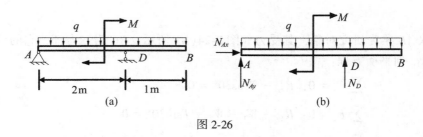

图 2-26

解：取梁 AB 为研究对象。受力分析如图 2-26(b) 所示，其中 $Q = q \times L_{AB} = 100 \times 3 = 300\text{N}$。

列平衡方程：

$$\sum F_x = 0: \ N_{Ax} = 0$$

$$\sum F_y = 0: \ N_{Ay} - Q + N_D = 0$$

$$\sum M_A(F) = 0: \ -\frac{2}{3}Q + 2N_D - M = 0$$

联立求解得

$$N_{Ax} = 0$$

$$N_D = 475\text{N}$$

$$N_{Ay} = -175\text{N}$$

例2-9　如图2-27(a)所示，水平外伸梁上受均布载荷q、力偶M和集中力F的作用。求支座A、B处的反力。

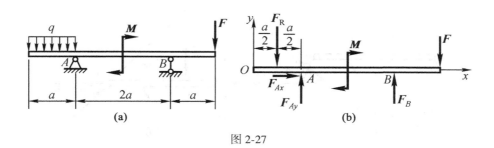

图 2-27

解：取梁为研究对象，画出受力图（图2-27(b)）。作用于梁上的力有均布载荷的合力$F_R(F_R = qa)$、力偶M、集中力F以及支座反力F_{Ax}、F_{Ay}、F_B。这些力组成一平面力系。建立坐标系Oxy，列出平衡方程：

$$\sum F_x = 0:\ F_{Ax} = 0$$

$$\sum M_A = 0:\ F_R \times \frac{a}{2} - M + F_B \times 2a - F \times 3a = 0$$

解得

$$F_B = \frac{3}{2}F - \frac{qa}{4} + \frac{M}{2a}$$

$$\sum F_y = 0:\ -F_R + F_{Ay} + F_B - F = 0$$

解得

$$F_{Ay} = -\frac{F}{2} + \frac{5}{4}qa - \frac{M}{2a}$$

本例中，由于水平外伸梁上没有水平方向载荷作用，支座A处的反力F_{Ax}一定等于零，所以在受力分析时可只画出反力F_{Ay}。

例2-10　梁AB的A端为固定铰支座，B端为活动铰支座（图2-28(a)），梁上受集中力F与力偶M的作用。已知$F = 10\text{kN}$，$M = 2\text{kN} \cdot \text{m}$，$a = 1\text{m}$，求支座$A$、$B$处的反力。

解：（1）选取研究对象。由于已知力和待求力都作用于梁AB上，故选取梁AB为研究对象。

（2）画受力图。梁AB的受力图如图2-28(b)所示。作用于梁上的力有载荷F、M，支座反力F_{Ax}、F_{Ay}、F_B，指向假定，这些力组成一个平面力系。

（3）列平衡方程。建立坐标系Axy（图2-28(b)），列出平衡方程：

$$\sum F_x = 0:\ F_{Ax} - F_B\cos45° = 0 \qquad ①$$

$$\sum F_y = 0:\ F_{Ay} - F + F_B\sin45° = 0 \qquad ②$$

$$\sum M_A = 0:\ -Fa - M + F_B\sin45° \times 3a = 0 \qquad ③$$

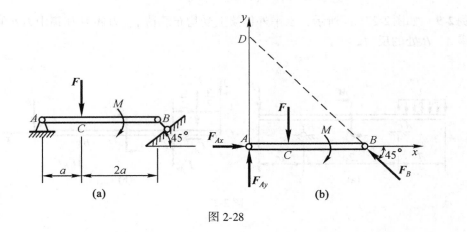

图 2-28

由于力偶中的两个力在同一轴上投影的代数和等于零，故在写投影方程时不必考虑力偶。式③是以 A 点为矩心的力矩方程，式中计算力 $\boldsymbol{F}_B$ 对 A 点之矩时，是将力 $\boldsymbol{F}_B$ 分解为两个分力，然后利用合力矩定理进行计算。

（4）解方程。由式③得

$$F_B = \frac{Fa + M}{3a\sin45°} = 5.66\text{kN}$$

分别代入式①、式②，得

$$F_{Ax} = F_B\cos45° = 4\text{kN}$$
$$F_{Ay} = F - F_B\sin45° = 6\text{kN}$$

$\boldsymbol{F}_{Ax}$、$\boldsymbol{F}_{Ay}$ 和 $\boldsymbol{F}_B$ 均为正值，表示力的指向与假定的指向相同（若为负值，则表示力的指向与假定的指向相反）。

（5）讨论本题。若写出对 A、B 两点的力矩方程和对 x 轴的投影方程，则同样可求解。即由

$$\sum F_x = 0: \quad F_{Ax} - F_B\cos45° = 0$$
$$\sum M_A = 0: \quad -Fa - M + F_B\sin45° \times 3a = 0$$
$$\sum M_B = 0: \quad -F_{Ay} \times 3a + F \times 2a - M = 0$$

解得

$$F_{Ax} = 4\text{kN}, \quad F_{Ay} = 6\text{kN}, \quad F_B = 5.66\text{kN}$$

若写出对 A、B、D 三点的力矩方程：

$$\sum M_A = 0: \quad -Fa - M + F_B\sin45° \times 3a = 0$$
$$\sum M_B = 0: \quad -F_{Ay} \times 3a + F \times 2a - M = 0$$
$$\sum M_D = 0: \quad F_{Ax} \times 3a - Fa - M = 0$$

则也可以得到同样的结果。

在应用二力矩形式或三力矩形式时，必须满足其限制条件，否则所列三个平衡方程将

不都是独立的。

由上面的例题可看出，求解平面力系平衡问题的步骤如下：

（1）选取研究对象。根据问题的已知条件和待求量，选择合适的研究对象。

（2）画受力图。画出所有作用于研究对象上的力。

（3）列平衡方程。适当选取投影轴和矩心，列出平衡方程。

（4）解方程。

在列平衡方程时，为使计算简单，通常尽可能选取与力系中多数未知力的作用线平行或垂直的投影轴，矩心选在两个未知力的交点上。但是应注意，不管使用哪种形式的平衡方程，对于同一个平面力系来说，最多只能列出三个独立的平衡方程，因而只能求解三个未知量。任何第四个方程都不会是独立的，但可以利用它来校核计算的结果。

2.4　平面平行力系的平衡

各力的作用线都在同一平面内且互相平行的力系称为平面平行力系。如图 2-29 所示，设有平面平行力系 F_1，F_2，$\cdots$，F_n，若取 x 轴与各力垂直，则这些力在 x 轴上的投影都等于零，即 $\sum F_x \equiv 0$。由平面一般力系平衡方程中知，平面平行力系的独立平衡方程为：

$$\left.\begin{array}{l} \sum F_y = 0 \\ \sum M_O(\boldsymbol{F}) = 0 \end{array}\right\}$$

或二力矩形式：

$$\left.\begin{array}{l} \sum M_A(\boldsymbol{F}) = 0 \\ \sum M_B(\boldsymbol{F}) = 0 \end{array}\right\}$$

平面平行力系只有两个独立的平衡方程，只能求解两个未知量。

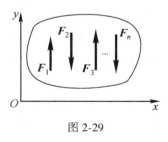

图 2-29

例 2-11　如图 2-30 所示，塔式起重机的机身总重力的大小 $P_1 = 220\text{kN}$，作用线过塔架的中心，最大起重力的大小 $P_2 = 50\text{kN}$，平衡块重力的大小 $P_3 = 30\text{kN}$，试求满载和空载时轨道 A、B 的约束力，并问此起重机在使用过程中有翻倒的危险吗？

解：（1）以起重机整体为研究对象，其受力如图 2-30 所示。列平衡方程：

$$\sum M_B(\boldsymbol{F}) = 0: \quad 8P_3 + 2P_1 - 10P_2 - 4F_A = 0$$

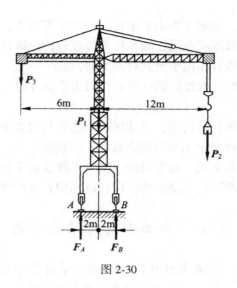

图 2-30

$$\sum M_A(\boldsymbol{F}) = 0: \ 4P_3 + 4F_B - 2P_1 - 14P_2 = 0$$

解得

$$F_A = 2P_3 + \frac{1}{2}P_1 - \frac{5}{2}P_2$$

$$F_B = -P_3 + \frac{1}{2}P_1 + \frac{7}{2}P_2$$

满载时，$P_2 = 50\text{kN}$，代入上式得

$$F_A = 45\text{kN}, \ F_B = 255\text{kN}$$

空载时，$P_2 = 0$，代入上式得

$$F_A = 170\text{kN}, \ F_B = 80\text{kN}$$

（2）讨论，如要求起重机工作时无翻倒的危险，则要求满载时，起重机不绕点 B 翻倒，此时必须使 $F_A > 0$。同理，空载时，起重机也不能绕点 A 翻倒，即要求 $F_B > 0$。由上述计算结果可知，满载时，$F_A = 45\text{kN} > 0$；空载时，$F_B = 80\text{kN} > 0$，所以此起重机工作时是安全的。

2.5 物体系统的平衡

前面讨论的都是单个物体的平衡问题，但在工程实际中的结构都是由若干个物体通过适当的约束（连接）方式组成的系统，力学上称为物体系统，简称物系。物系以外的物体作用于这个物系的力，称为这个物系的外力；物系内各物体间相互作用的力，称为这个物系的内力。求解物系的平衡问题，往往是不仅需要求物系的外力，而且还要求系统内部各物体之间的相互作用的内力，这就需要将物系中某些物体分离出来单独研究，才能求出全部未知力。当物系平衡时，组成物系的各部分也是平衡的。因此，求解物系的平衡问题，即可选整个物系为研究对象，也可选局部或单个物体为研究对象。

求解物体系平衡问题的步骤：

（1）分析题意，选取适当的研究对象。物体系统整体平衡时，其每个局部也必然平衡。因此，研究对象可取整体，也可以取其中一部分物体或单个物体。选取的原则是尽量做到一个平衡方程只含一个未知量，尽可能避免解联立方程。

（2）画出研究对象的受力图。在受力分析中注意区分内力与外力，受力图上只画外力不画内力，两物体间的相互作用力要符合作用力与反作用力定律。

（3）对所选取的研究对象，列出平衡方程并求解。

例 2-12 结构由不计重量的杆 AB、AC、DF 铰接而成，如图 2-31（a）所示。在杆 DEF 上作用一力偶矩为 M 的力偶。求杆 AB 上铰链 A、D、B 所受的力。

分析：这是一个物体系的平衡问题。先取整体为研究对象，共有 3 个未知约束力，题目要求 2 个约束力，可用 2 个而不用 3 个方程求出要求的 2 个约束力。整体无法求出 A、D 处约束力，所以要考虑拆开。若先取杆 DEF 为研究对象，其受力图如图 2-31（b）所示，可以看出，由对点 E 取矩可求出 D 处铅直方向的约束力；然后再取杆 ADB 为研究对象，其受力图如图 2-31（c）所示，对此构件只剩 3 个约束力，有 3 个平衡方程，所以可求解。此题可用 6 个一元一次方程求解 6 个未知数。

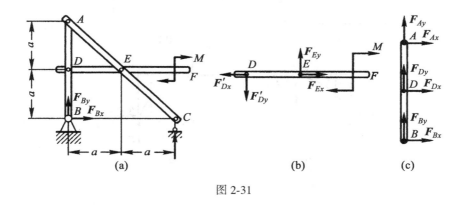

图 2-31

解：（1）取整体为研究对象，其受力如图 2-31（a）所示，列平衡方程：

$$\sum F_x = 0: \ F_{Bx} = 0$$

$$\sum M_C(\boldsymbol{F}) = 0: \ -2a \times F_{By} - M = 0$$

解得

$$F_{Bx} = 0, \ F_{By} = -\frac{M}{2a}$$

（2）取杆 DEF 为研究对象，其受力如图 2-31（b）所示，列平衡方程：

$$\sum M_E(\boldsymbol{F}) = 0, \ F'_{Dy}a - M = 0$$

解得

$$F'_{Dy} = F_{Dy} = \frac{M}{a}$$

（3）取杆 ADB 为研究对象，其受力如图 2-31(c) 所示，列平衡方程：

$$\sum M_A(\boldsymbol{F}) = 0: \quad 2aF_{Bx} + aF_{Dx} = 0$$

$$\sum F_x = 0: \quad F_{Bx} + F_{Dx} + F_{Ax} = 0$$

$$\sum F_y = 0: \quad F_{By} + F_{Dy} + F_{Ay} = 0$$

解得

$$F_{Dx} = F_{Bx} = 0, \quad F_{Ay} = -\frac{M}{2a}$$

例 2-13　如图 2-32(a) 所示，三铰拱每半拱重 $W = 300\text{kN}$，跨长 $l = 32\text{m}$，拱高 $h = 10\text{m}$。求：

（1）支座 A、B 处的约束力；

（2）铰 C 处的约束力。

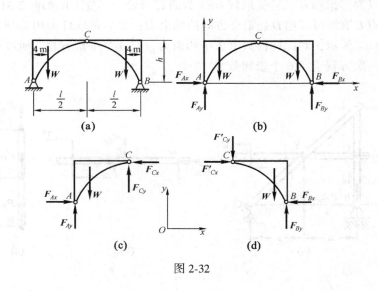

图 2-32

解：（1）先取三铰拱整体为研究对象，画出受力图（图 2-32(b)）。作用于三铰拱的半拱重力 $\boldsymbol{W}$，支座 A、B 处的反力 $\boldsymbol{F}_{Ax}$、$\boldsymbol{F}_{Ay}$，$\boldsymbol{F}_{Bx}$、$\boldsymbol{F}_{By}$，这些力组成一个平面力系 Oxy，列出平衡方程：

$$\sum M_B = 0: \quad -F_{Ay} \times (32\text{m})l + W \times (28\text{m}) + W \times (4\text{m}) = 0$$

解得

$$F_{Ay} = 300\text{kN}$$

由

$$\sum F_y = 0: \quad F_{Ay} + F_{By} - 2W = 0$$

解得

$$F_{By} = 2W - F_{Ay} = 300\text{kN}$$

由

$$\sum F_x = 0: \quad F_{Ax} - F_{Bx} = 0$$

解得

$$F_{Ax} = F_{Bx} \qquad\qquad (a)$$

再取半拱 AC 为研究对象，画出受力图（图 2-32(c)）。作用于半拱 AC 上的力有半拱重力 $\boldsymbol{W}$、支座 A 处的反力 $\boldsymbol{F}_{Ax}$、$\boldsymbol{F}_{Ay}$ 以及铰 C 处的反力 $\boldsymbol{F}_{Cx}$、$\boldsymbol{F}_{Cy}$。列出平衡方程：

$$\sum M_C = 0: \quad F_{Ax}h - \frac{F_{Ay}}{2}l + W \times (12\mathrm{m}) = 0$$

解得

$$F_{Ax} = \frac{F_{Ay} \times \dfrac{l}{2} - W \times (12\mathrm{m})}{h} = 120\mathrm{kN}$$

将 F_{Ax} 的值代入式(a)，得

$$F_{Bx} = F_{Ax} = 120\mathrm{kN}$$

（2）欲求铰 C 处的约束力，可以在(1)计算的基础上，再列出半拱 AC 的其他平衡方程：

$$\sum F_x = 0: \quad F_{Ax} - F_{Cx} = 0$$

解得

$$F_{Cx} = F_{Ax} = 120\mathrm{kN}$$

由

$$\sum F_y = 0, \quad F_{Ay} - W + F_{Cy} = 0$$

解得

$$F_{Cy} = W - F_{Ay} = 0$$

下面给出另一种解法。分别取半拱 AC 和 BC 为研究对象，画出它们的受力图（图 2-32(c)、图 2-32(d)）。列出半拱 AC 的平衡方程：

$$\sum M_A = 0: \quad F_{Cx}h + \frac{F_{Cy}}{2}l - W \times (4\mathrm{m}) = 0 \qquad (b)$$

$$\sum Fx = 0: \quad F_{Ax} - F_{Cx} = 0 \qquad (c)$$

$$\sum Fy = 0: \quad F_{Ay} + F_{Cy} - W = 0 \qquad (d)$$

列出半拱 BC 的平衡方程：

$$\sum M_B = 0: \quad -F'_{Cx}h + \frac{F'_{Cy}}{2}l + W \times (4\mathrm{m}) = 0 \qquad (e)$$

$$\sum F_x = 0: \quad F'_{Cx} - F_{Bx} = 0 \qquad (f)$$

$$\sum F_y = 0: \quad F_{By} - F'_{Cy} - W = 0 \qquad (g)$$

根据作用与反作用定律，$F_{Cx} = F'_{Cx}$、$F_{Cy} = F'_{Cy}$。联立求解式(b)与(e)，得

$$F_{Cx} = 120\mathrm{kN}, \quad F_{Cy} = 0$$

分别代入式(c)、式(d)、式(f)、式(g)，得

$$F_{Ax} = F_{Bx} = 120\mathrm{kN}, \quad F_{Ay} = F_{By} = 300\mathrm{kN}$$

思考：若只需求支座 A、B 处或铰 C 处的约束力，怎样解最方便？

例 2-14 如图 2-33(a) 所示的构架，由直角弯杆 AB 和构件 BCD 在 B 处铰接而成，不计各构件自重。已知尺寸 l 及矩为 M 的力偶，求 D 支座的约束反力。

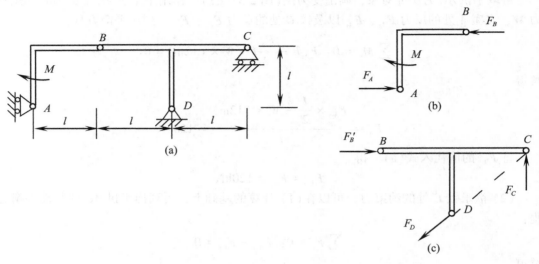

图 2-33

解：先取弯杆 AB 为研究对象，A 处约束反力作用线水平，指向可假设；根据力偶只能由力偶来平衡的性质，A、B 两处的约束反力应构成一力偶，故 B 处的约束反力作用线也应水平，其受力图如图 2-33(b) 所示。列平衡方程：

$$\sum M_i = 0：F_B l - M = 0$$

解得

$$F_B = F_A = \frac{M}{e}$$

取构件 BCD 为研究对象，C 处约束反力作用线铅垂，根据三力平衡汇交定理可知，D 处约束反力作用线应通过 C，指向可假定，其受力图如图 2-33(c) 所示。列平衡方程：

$$\sum F_x = 0, \quad F'_B = F_D \cos 45° = 0$$

解得

$$F_D = \frac{\sqrt{2} M}{l}$$

点评：对本题不宜先取整体为研究对象，而要先取外力偶矩已知、受力简单的杆 AB 来进行分析。对于构件 BCD 的 D 处的约束反力作用线位置的求解，利用了三力平衡汇交定理。实际上 D 处约束反力也可假设成水平和竖向两个分力，用平面一般力系的平衡方程求解。

例 2-15 求多跨静定梁(图 2-34(a)) 的支座反力。已知 $F_1 = 50\text{kN}$，$F_2 = F_3 = 60\text{kN}$，$q = 20\text{kNm}$。

解：(1) 取 EH 部分为研究对象，画出受力图(图 2-34(b))。由于受力具有对称性，

故有

$$F_E = F_H = 60 \text{kN}$$

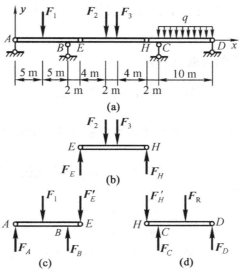

图 2-34

（2）取 *AE* 部分为研究对象，画出受力图（图 2-34（c））。由作用与反作用定律，$F'_E = F_E$。列出平衡方程：

$$\sum M_B = 0: \quad -F_A \times (10\text{m}) + F_1 \times (5\text{m}) - F'_E \times (2\text{m}) = 0$$

解得

$$F_A = \frac{5F_1 - 2F'_E}{10} = 13 \text{kN}$$

由

$$\sum F_y = 0: \quad F_A - F_1 + F_B - F'_E = 0$$

解得

$$F_B = -F_A + F_1 + F'_E = 97 \text{kN}$$

（3）取 *HD* 部分为研究对象，画出受力图（图 2-34（d））。列出平衡方程：

$$\sum M_C = 0: \quad F'_H \times (2\text{m}) - F_R \times (5\text{m}) + F_D \times (10\text{m}) = 0$$

解得

$$F_D = \frac{-2F'_H + 5F_R}{10} = 88 \text{kN}$$

由

$$\sum F_y = 0: \quad -F'_H + F_C - F_R + F_D = 0$$

解得

$$F_C = F'_H + F_R - F_D = 172 \text{kN}$$

2.6 本 章 小 结

平面力系根据作用线在平面的分布情况包括平面汇交力系、平面力偶系、平面平行力系和平面一般力系。

2.6.1 平面汇交力系的合成与平衡

平面汇交力系的合成方法可以分为几何法与解析法。

1. 几何法

几何法通过力多边形求合力，平衡条件为力系中各力构成自行封闭的力多边形。

2. 解析法

（1）力在坐标轴上的投影：若已知力 $\boldsymbol{F}$ 与 x 和 y 轴所夹的锐角分别为 α、β，则该力在 x 轴、y 轴上的投影分别为：

$$F_x = \pm F\cos\alpha$$
$$F_y = \pm F\cos\beta$$

（2）合力投影定理：合力在某轴上的投影一定等于各分力在同一轴上的投影的代数和，表示为

$$\begin{cases} F_{Rx} = F_{x1} + F_{x2} + \cdots + F_{xn} = \sum F_{xi} \\ F_{Ry} = F_{y1} + F_{y2} + \cdots + F_{yn} = \sum F_{yi} \end{cases}$$

（3）用解析法求平面汇交力系的合力，合力 $\boldsymbol{F}_R$ 的大小和方向由下式确定：

$$F_R = \sqrt{F_{Rx}^2 + F_{Ry}^2} = \sqrt{\left(\sum F_{xi}\right)^2 + \left(\sum F_{yi}\right)^2}$$

$$\tan\alpha = \frac{|F_{Ry}|}{|F_{Rx}|} = \frac{|\sum F_{yi}|}{|\sum F_{xi}|}$$

（4）平面汇交力系平衡的解析条件为

$$\begin{cases} \sum F_{xi} = 0 \\ \sum F_{yi} = 0 \end{cases}$$

2.6.2 平面力偶系的合成与平衡

平面力偶系合成的结果是一个力偶，它的矩等于原来各力偶的矩的代数和。

$$M = M_1 + M_2 + \cdots + M_n = \sum M_i$$

平面力偶系平衡的必要和充分条件是：力偶系中所有各力偶矩的代数和等于零。用式子表示为

$$\sum M_i = 0$$

2.6.3 平面一般力系的合成与平衡

（1）力的平移定理：作用于刚体上的力可以平行移动到刚体内任一指定点，但必须同

时附加一个力偶，此附加力偶的矩等于原力对指定点之矩。

（2）平面任意力系向平面内任一点简化，可得一个力和一个力偶，这个力等于该力系的主矢，作用线通过简化中心。这个力偶的矩等于该力系对简化中心的主矩。

平面一般力系一力矩式的平衡方程为

$$\begin{cases} \sum F_x = 0 \\ \sum F_y = 0 \\ \sum M_O(\boldsymbol{F}) = 0 \end{cases}$$

2. 6. 4　平面平行力系的合成与平衡

平面平行力系一力矩式的独立平衡方程为

$$\begin{cases} \sum F_y = 0 \\ \sum M_O(\boldsymbol{F}) = 0 \end{cases}$$

第3章　杆件的内力分析

【本章要求】　正确理解杆件一般受力情况下的 4 种受力特点及变形特点，熟练掌握用截面法求内力，并画内力图。熟练掌握剪力、弯矩与载荷集度间的微分关系。

【本章重点】　应用截面法求内力，并画内力图。

3.1　概　　述

工程实际中，结构物或机械一般由各种零件(称为工程构件)组成。当结构物或机械工作时，这些构件就会承受一定的载荷，即力的作用。根据静力学知识，我们可以解决构件的外力计算问题。但是在外力的作用下，为确保构件能够正常工作，具有足够的承受载荷的能力(简称承载能力)，构件必须满足以下要求：

(1)具有足够的强度。构件抵抗破坏(断裂或产生显著塑性变形)的能力称为强度。构件具有足够的强度是保证其正常工作最基本的要求。例如，构件工作时发生意外断裂或产生显著塑性变形是不容许的。

(2)具有足够的刚度。构件抵抗弹性变形的能力称为刚度。为了保证构件在载荷作用下所产生的变形不超过许可的限度，必须要求构件具有足够的刚度。例如，如果机床主轴或床身的变形过大，将影响加工精度；齿轮轴的变形过大，将影响齿与齿间的正常啮合等。

(3)具有足够的稳定性。构件保持原有平衡形式的能力称为稳定性。在一定外力作用下，构件突然发生不能保持其原有平衡形式的现象，称为失稳。构件工作时产生失稳一般也是不容许的。例如，桥梁结构的受压杆件失稳将可能导致桥梁结构的整体或局部塌毁。因此，构件必须具有足够的稳定性。

在设计构件时，不但要满足上述强度、刚度和稳定性这三方面的要求，以达到安全的目的。还要考虑选择材料的使用和降低材料的消耗量，减轻自重，即构件设计的经济性。因此要协调好安全可靠性与经济性这一矛盾。

所有构件都是由固体材料制成的，它们在外力作用下都会发生变形，故称为变形固体。材料力学正是要研究构件在外力作用下将产生什么样的变形；构件的承受能力怎样；力与变形之间有什么关系——研究力与物体的变形及破坏规律。为了便于材料力学问题的理论分析，对变形固体作如下基本假设：

(1)续性假设：认为材料无间隙地分布于物体所占的整个空间中。根据这一假设，物体内因受力和变形而产生的内力和位移都将是连续的。

(2)均匀性假设：认为物体内各点处的力学性能都是一样的，不随点的位置而变化。按此假设，从构件内部任何部位所切取的微元体，都具有与构件完全相同的力学性能。应该指出，对于实际材料，其基本组成部分的力学性能往往存在不同程度的差异，但是，由于构件的尺寸远大于其基本组成部分的尺寸，按照统计学观点，仍可将材料看成是均匀的。

（3）各向同性假设：认为材料沿各个方向上的力学性能都是相同的。我们把具有这种属性的材料称为各向同性材料。在各个方向上具有不同力学性能的材料则称为各向异性材料。本书仅研究各向同性材料的构件。按此假设，我们在计算中就不用考虑材料力学性能的方向性，而可沿任意方位从构件中截取一部分作为研究对象。

此外，在材料力学中还假设构件在外力作用下所产生的变形与构件本身的几何尺寸相比是很小的，即小变形假设。由于变形是微小的，我们可以认为：变形是弹性的，在研究构件的平衡问题时可忽略其变形而按变形前的原始尺寸进行计算，在计算中变形的高次方项可忽略不计。但是，对于变形比较大的构件，不能采用小变形假设，本书不做讨论。

杆件是工程力学的主要研究对象，在实际工程中，杆件的受力情况是各不相同的，受力之后所产生的变形就有各种形式，对杆件的变形进行仔细分析，可以把杆件的变形分解为 4 种基本变形（图 3-1）：

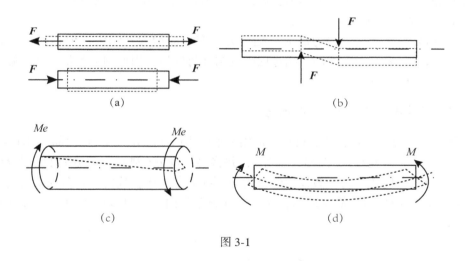

图 3-1

（1）轴向拉伸或压缩。杆件受到与杆轴线重合的外力作用时，杆件的长度发生伸长或缩短，这种变形形式称为轴向拉伸或轴向压缩（图 3-1(a)）。如简单桁架中的杆件通常发生轴向拉伸或压缩变形。

（2）剪切。在垂直于杆件轴线方向受到一对大小相等、方向相反、作用线相距很近的力作用时，杆件横截面将沿外力作用方向发生错动（或错动趋势），这种变形形式称为剪切（图 3-1(b)）。机械中常用的连接件，如键、销钉、螺栓等都产生剪切变形。

（3）扭转。在一对大小相等、转向相反、作用面垂直于直杆轴线的外力偶作用下，直杆的任意两个横截面将发生绕杆件轴线的相对转动，这种变形形式称为扭转（图 3-1(c)）。工程中常将发生扭转变形的杆件称为轴。如汽车的传动轴、电动机的主轴等的主要变形，都包含扭转变形在内。

（4）弯曲。在垂直于杆件轴线的横向力，或在作用于包含杆轴的纵向平面内的一对大小相等、方向相反的力偶作用下，直杆的相邻横截面将绕垂直于杆轴线的轴发生相对转动，杆件轴线由直线变为曲线，这种变形形式称为弯曲（图3-1(d)）。如桥式起重机大梁、列车轮轴、车刀等的变形，都属于弯曲变形。凡是以弯曲为主要变形的杆件，称为梁。

其他更为复杂的变形形式可以看成是某几种基本变形的组合形式，称为组合变形。如传动轴的变形往往是扭转与弯曲的组合变形形式等。

3.2 内力的概念及计算方法

3.2.1 内力

内力是指构件因受外力作用而变形，其内部各部分之间因相对位置改变而引起的各部分之间的相互作用力。构件在未受外力作用时，其内部各质点之间即存在着相互的力作用，正是由于这种"固有的内力"作用，才能使构件保持一定的形状。当构件受到外力作用而变形时，其内部各质点的相对位置发生了改变，同时其相互作用力也发生了变化，这种引起内部质点产生相对位移的内力，即由于外力作用使构件产生变形时所引起的"附加内力"，就是材料力学所研究的内力。

内力是由外力引起的，内力的大小随外力、变形的增大而增大。但是对任一构件来说，内力的增大是有一定限度的，超过此限度构件将破坏，因而内力是研究构件强度、刚度、稳定性问题的基础。

3.2.2 计算内力的方法——截面法

为了显示和确定构件的内力，可假想地用一平面将构件截分为 A、B 两部分（图3-2(a)），任取其中一部分为研究对象（例如 A 部分），并将另一部分（例如 B 部分）对该部分的作用以截开面上的内力代替。由于假设构件是均匀连续的变形体，故内力在截面上是连续分布的（图3-2(b)）。应用力系简化理论，这一连续分布的内力系可以向截面形心 C 简化为一主矢 F_R 和一主矩 M_o。

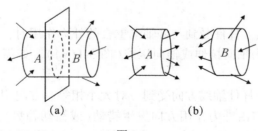

(a)   (b)

图 3-2

由于整个构件处于平衡状态，其任一部分也必然处于平衡状态。例如考虑 A 部分的平衡，根据静力平衡条件，即可由已知的外力求得截面上各个内力的大小和方向。同样，也可取 B 部分作为研究对象，并求得其内力。显然，B 部分在截开面上的内力与 A 部分在截开面上的内力是作用力与反作用力，它们是等值反向的。

上述这种假想地用一平面将构件截分为两部分，任取其中一部分为研究对象，根据静力平衡条件求得截面上内力的方法，称为截面法。其全部过程可以归纳为如下 3 个步骤：

（1）截开：在需要寻求内力的位置，用假想截面将构件截开。

（2）替代：取其中一部分为研究对象，用相应的内力替代去掉部分对留下部分的作用。

（3）平衡：对留下的部分建立静力平衡方程，求出其截面的内力。

应该注意的是：在研究内力和变形时，对"等效力系"（如力和力偶沿其作用线和作用面的移动，力的合成、分解、平衡等）的应用应该慎重，不能不加以分析地任意应用。一个力（或力系）用其他的等效力系来代替，虽然对整体平衡没有影响，但对构件的内力与变形来说则有很大的差别，对不同的研究部位（或对象）、荷载情况及等效力系的形式进行具体分析。

3.3　轴向拉(压)杆内力分析

3.3.1　基本概念

工程中有很多构件，如图 3-3 所示，屋架中的杆是等直杆，作用于杆上的外力的合力的作用线与杆的轴线重合。在这种受力情况下，杆的主要变形形式是轴向伸长或缩短。

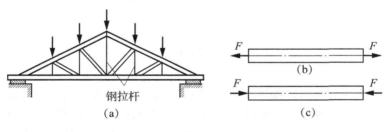

图 3-3

当外力作用在杆的截面形心，并沿着杆的轴线方向时，杆件将沿轴向伸长或缩短，这就是轴向拉伸或压缩变形，简称拉伸或压缩。承受轴向拉伸或压缩变形的杆件称为拉杆或压杆。

根据以上分析，可以得到杆件受到轴向拉力或压力时具有以下特点：

（1）杆件受力特征：一对大小相等、方向相反、作用线与杆轴线重合的外力；

（2）变形特征：长度发生改变，拉长或压短，同时横截面变细或变粗。

3.3.2　内力、内力图——轴力、轴力图

现研究轴向拉压杆件的内力，以图 3-4(a)所示拉杆为例，欲求拉杆任一截面 m—m 上的内力，可以假想用一平面将杆件沿截面 m—m 截为两段，任取其中一段，如以 A 段作为研究对象，并将 B 段杆对 A 段杆的作用以内力 F_N 代替。由于原来整个杆件处于平衡状态，被截开后的各段也必然处于平衡状态，所以左段杆除受 F 力作用外，截面 m—m 上必

定有作用力 F_N 与之平衡(图 3-4(b)),该力就是右段杆对左段杆的作用力,即截面 m—m 上的内力。

列出左段杆的平衡方程:

$$\sum F_x = 0: \quad F_N - F = 0$$

解得

$$F_N = F$$

轴向拉压杆横截面上的内力 F_N,其作用线必定与杆件轴线相重合,称为轴力。

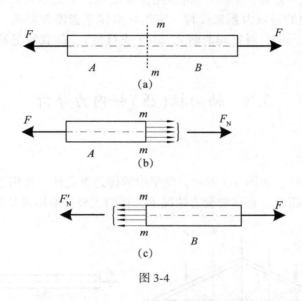

图 3-4

若以 B 段作为研究对象,如图 3-4(c)所示,同样可得 $F'_N = F$,实际上 F'_N 与 F_N 是一对作用力与反作用力。因此,对于同一截面,如果选取不同的研究对象,所求得的内力必然数值相等、方向相反。为了使取左部分或右部分的结果相同,规定轴力 F_N 的符号如下:当轴力的方向与横截面的外法线方向一致时,杆件受拉伸长,轴力为正;反之,杆件受压缩短,轴力为负,如图 3-5 所示。

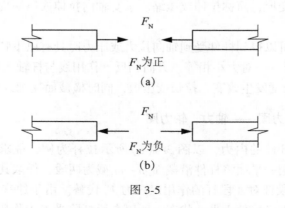

图 3-5

在工程中，常有一些杆件，其上受到多个轴向外力作用，这时杆件不同横截面上的轴力将不同。为了形象地表示轴力沿直杆轴线的变化规律，可以用平行于轴线的坐标 x 表示截面位置，用垂直于轴线的坐标 F_N 表示截面上的轴力数值，画出轴力与截面位置的关系的图线，称为轴力图。从轴力图上可以确定最大轴力及其所在的截面位置。习惯上将正轴力(拉伸时的内力)画在 x 轴上方，将负轴力(压缩时的内力)画在 x 轴下方，并标明正负号。

例 3-1　如图 3-6(a)所示的 AB 杆，已知其在 A、C 两截面上的受力，求此杆各段的轴力，并画出其轴力图。

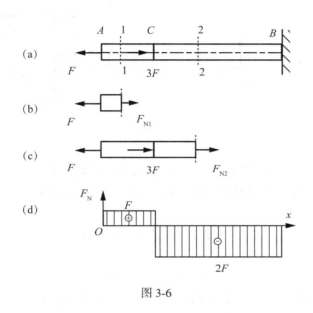

图 3-6

解：(1)求各段杆的轴力。

AC 段：假想用 1—1 截面截开，取左部分为研究对象，如图 3-6(b)所示。列平衡方程：

$$\sum F_x = 0: \quad F_{N1} - F = 0$$

解得

$$F_{N1} = F$$

CB 段：假想用 2—2 截面截开，取左部分为研究对象，如图 3-6(c)所示。列平衡方程：

$$\sum F_x = 0: \quad F_{N2} - F + 3F = 0$$

解得

$$F_{N2} = -2F$$

(2)绘制轴力图。用平行于杆件轴线的坐标 x 表示横截面的位置，以垂直于杆件轴线的坐标 F_N 表示轴力的数值，按比例画出轴力图，如图 3-6(d)所示。

例 3-2　等直杆受 4 个轴向外力作用，如图 3-7(a)所示，试求杆件横截面 1—1、2—2、

3—3 上的轴力，并画出其轴力图。

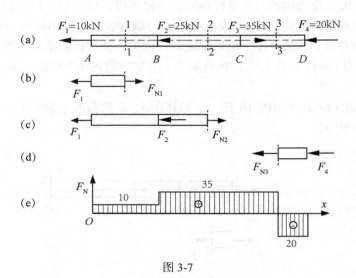

图 3-7

解：（1）用截面法确定各段的轴力。在 AB 段内，沿截面 1—1 假想地将杆截开，取其左部分为研究对象，假设横截面上的轴力 F_{N1} 为正，如图 3-7(b) 所示。

由平衡条件

$$\sum F_x = 0: \quad F_{N1} - F_1 = 0$$

解得

$$F_{N1} = F_1 = 10 \text{ kN}$$

F_{N1} 是正值，说明所设的 F_{N1} 的方向时实际方向，且 F_{N1} 是拉力。

同理，在 BC 段内，沿截面 2—2 假想地将杆截开，取左部分为研究对象，假设横截面的轴力 F_{N2} 为正，如图 3-7(c) 所示。

由平衡条件

$$\sum F_x = 0: \quad F_{N2} - F_1 - F_2 = 0$$

解得

$$F_{N2} = F_1 + F_2 = 35 \text{ kN}$$

在 CD 段内，沿截面 3—3 假想地将杆截开，取左部分为研究对象，假设横截面的轴力 F_{N3} 为正，如图 3-7(d) 所示。

由平衡条件

$$\sum F_x = 0: \quad -F_{N3} - F_4 = 0$$

解得

$$F_{N3} = -F_4 = -20 \text{ kN}$$

F_{N3} 是负值，说明所设的 F_{N1} 的方向时实际方向相反，且 F_{N3} 是压力。

（3）绘制轴力图。用平行于杆件轴线的坐标 x 表示横截面的位置，以垂直于杆件轴线的坐标 F_N 表示轴力的数值，按比例画出轴力图，如图 3-7(e) 所示。

3.4　扭转杆件内力分析

3.4.1　基本概念

在工程实际中，有很多承受扭转的杆件，例如，图 3-8 所示的汽车方向盘的操纵杆，其两端分别受到驾驶员作用于方向盘上的外力偶和转向器的反力偶的作用；图 3-9 所示为水轮机与发电机的连接主轴，其两端分别受到由水作用于叶片的主动力偶和发电机的反力偶的作用；图 3-10 所示为机器中的传动轴，它同样受主动力偶和反力偶的作用，使轴发生扭转变形。

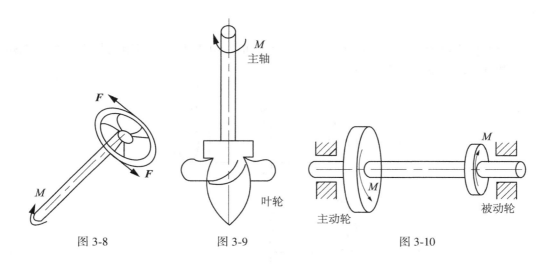

图 3-8　　　　　　　　图 3-9　　　　　　　　图 3-10

这些实例的共同特点是：在杆件的两端作用两个大小相等、方向相反、作用平面与杆件轴线垂直的力偶，使杆件的任意两个截面都发生绕杆件轴线的相对转动。这种形式的变形称为扭转变形，如图 3-11 所示。以扭转变形为主的直杆件称为轴。杆件的截面为圆形的轴称为圆轴。

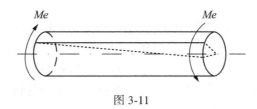

图 3-11

3.4.2　扭矩和扭矩图

1. 外力偶矩

作用在轴上的外力偶矩，可以通过将外力向轴线简化得到，但是在多数情况下，则是

通过轴所传递的功率和轴的转速求得。它们的关系式为

$$M = 9549 \frac{P}{n} \tag{3-1}$$

式中：M 为外力偶矩（N·m）；P 为轴所传递的功率（kW）；n 为轴的转速（r/min）。

2. 扭矩

当作用在轴上的外力偶矩确定之后，应用截面法可以很方便地求得轴上的各横截面内的扭矩。如图 3-12(a) 所示的杆，在其两端有一对大小相等、转向相反、矩为 M 的外力偶作用。为求杆任一截面 m—m 的扭矩，可假想地将杆沿截面 m—m 切开分成两段，考查其中任一部分的平衡，如图 3-12(b) 所示的左端。由平衡条件

$$\sum M_x(F) = 0$$

可得

$$T = M$$

由分布内力组成的合力偶的力偶矩，称为扭矩，用 T 表示。扭矩的量纲和外力偶矩的量纲相同，均为 N·m 或 kN·m。

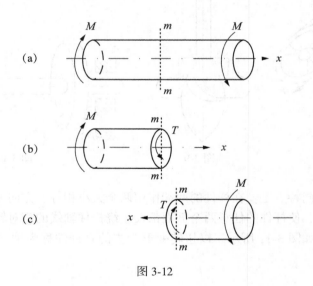

图 3-12

如果改以杆的右端为研究对象，如图 3-12(c) 所示，则在同一横截面上所求得的扭矩与上面求得的扭矩在数值上完全相同，但转向却恰恰相反。为了使从左段杆和右段杆求得的扭矩不仅有相同的数值，而且有相同的正负号，我们对扭矩的正负号根据杆的变形情况作如下规定：采用右手螺旋定则，如果以右手四指表示扭矩的转向，则拇指的指向离开截面时的扭矩为正，反之为负，如图 3-13 所示。

按照这一规定，圆轴上同一截面的扭矩（左与右）便具有相同的正负号。应用截面法求扭矩时，一般都采用设正法，即先假设截面上的扭矩为正，若计算所得的符号为负号，则说明扭矩转向与假设方向相反。

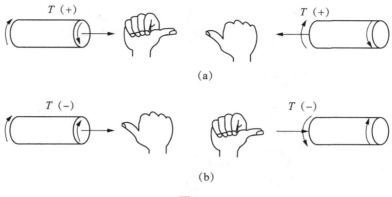

图 3-13

3. 扭矩图

在工程中，常有一些杆件受到多个外力偶矩作用，这时杆件不同横截面上的扭矩将不相同。为了表示扭矩随横截面位置变化情况，用平行于杆件轴线的坐标 x 表示横截面的位置，以垂直于杆件轴线的坐标 T 表示扭矩的数值，将各横截面的扭矩按一定比例画在坐标图上，正扭矩画在 x 轴上方，负扭矩画在 x 轴下方，绘出扭矩与横截面位置关系的图线，即为扭矩图。

例 3-3　传动轴如图 3-14(a)所示，主动轮 B 的输入功率 $P_B = 0.5\text{kW}$，从动轮 A 和 C 的输出功率分别为 $P_A = 4\text{kW}$、$P_C = 6.5\text{kW}$，轴的转速 $n = 680\text{r/min}$，试画出轴的扭矩图。

解：(1)计算外力偶矩。根据公式(3-1)可求得各齿轮所受到的外力偶矩分别为：

$$m_A = 9549\frac{P_A}{n} = 9549 \times \frac{4}{680} = 56.2(\text{N} \cdot \text{m})$$

$$m_B = 9549\frac{P_B}{n} = 9549 \times \frac{10.5}{680} = 147.4(\text{N} \cdot \text{m})$$

$$m_C = 9549\frac{P_C}{n} = 9549 \times \frac{6.5}{680} = 91.2(\text{N} \cdot \text{m})$$

(2)计算扭矩。求 AB 段的扭矩时，可在 AB 段内假想地用 1—1 截面将轴截开，取左段为研究对象，并设该截面上的扭矩 T 为正(图 3-14(b))，由平衡条件

$$\sum M_x = 0; \quad T_1 - m_A = 0$$

解得

$$T_1 = m_A = 56.2(\text{N} \cdot \text{m})$$

同理，由图 3-14(c)求得 BC 段的扭矩为

$$T_2 = m_A - m_B = 56.2 - 147.4 = -91.2(\text{N} \cdot \text{m})$$

式中负号表示 T_2 的转向与假设方向相反，即实际扭矩是负值。

(3)画扭矩图。根据各段扭矩值画出扭矩图，如图 3-14(d)所示。

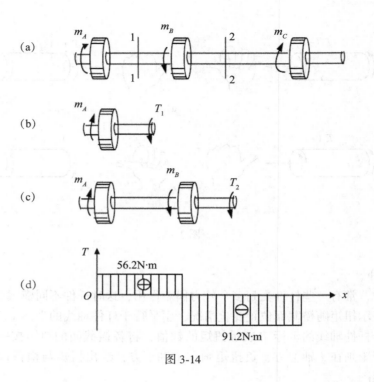

图 3-14

3.5 弯曲杆件的内力分析

3.5.1 平面弯曲的概念

工程中存在大量受弯曲的杆件,如桥式起重机的大梁(图 3-15(a))、车轴(图 3-15(b))等。都是弯曲变形构件。这些构件的共同特点是:它们都可简化为一根直杆;在通过轴线的平面内,受到垂直于杆件轴线的外力(横向力)或外力偶作用。在这样的外力作用下,杆的轴线将弯曲成一条曲线,如图 3-15 中的虚线所示。这种变形称为弯曲变形。以弯曲为主要变形的杆件称为梁。

在工程问题中,大多数梁的横截面都有一根竖向对称轴。梁的轴线与横截面的竖向对称轴构成的平面称为梁的纵向对称面。如果作用于梁上的所有外力都在纵向对称面内,则变形后梁的轴线也将在此对称平面内弯曲成一条平面曲线(图 3-16),这种弯曲称为平面弯曲。本书主要研究平面弯曲问题。

3.5.2 静定梁的基本形式

梁的支座和载荷有各种情况,为了得到便于分析的计算简图,需对梁进行以下 3 个方面的简化:

(1)梁本身的简化。不论梁的截面形状如何复杂,通常用梁的轴线来代替实际的梁。

(2)载荷的简化。作用于梁上的载荷一般可以简化为集中载荷或分布载荷。

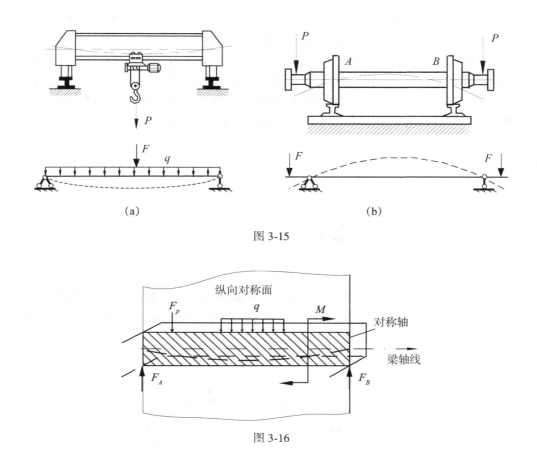

图 3-15

图 3-16

（3）支座的简化。按支座对梁的约束不同，可简化为活动铰支座、固定铰支座或固定端。

根据支座情况，静定梁可分为 3 种基本形式：

（1）简支梁：一端为固定铰支座，另一端为活动铰支座的梁（图 3-17（a））；

（2）外伸梁：一端或两端伸出支座之外的简支梁（图 3-17（b））。

（3）悬臂梁：一端固定，另一端自由的梁（图 3-17（c））；

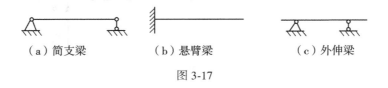

（a）简支梁　　　　　（b）悬臂梁　　　　　（c）外伸梁

图 3-17

3.5.3　梁的内力——剪力和弯矩

确定了梁上所有载荷与支座反力后，就可进一步研究其横截面上的内力。

设简支梁受一集中荷载的作用，如图 3-18 所示，求距 A 端 x 距离处横截面上的内力。

首先，取梁整体为研究对象，求出梁的支座反力 F_{Ay}、F_B，其中 A 端水平支反力 F_{Ax} 为零，图中省略。然后用截面法沿所求截面处将梁截开分为两部分，取左部分为研究对象，得到分离体如图 3-18（b）所示。由于整个梁处于平衡状态，左部分也应保持平衡，故在 m—m 横截面上必有一个作用力与 F_{Ay} 平行，而指向与 F_{Ay} 相反的切向内力 F_Q 存在；同时，F_{Ay} 与 F_Q 形成一个力偶，使左部分有顺时针转动趋势，因此在 m—m 横截面一定有一个逆时针转向的内力偶矩 M 存在，才能使左部分处于平衡状态。由平衡方程

$$\sum F_y = 0 : \quad F_{Ay} - F_Q = 0$$

解得

$$F_Q = F_{Ay}$$

由

$$\sum M = 0 : \quad M - F \cdot x = 0$$

解得

$$M = F \cdot x$$

F_Q 为沿横截面切线方向的力，称为 m—m 横截面的剪力；M 为作用在纵向对称面内的力偶，称为 m—m 横截面的弯矩。它们的大小和方向（或转向）由左段梁的平衡方程来确定。

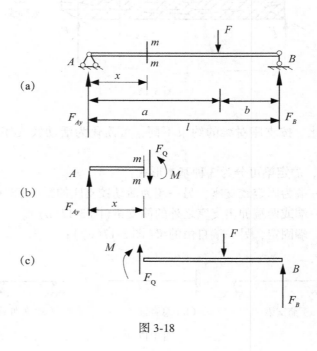

图 3-18

如果取右段为研究对象，如图 3-18（c）所示，同样可以求得 F_Q 和 M，且数值上与上述结果相等，只是方向相反。

为了使两种算法得到的同一截面上的剪力和弯矩不仅数值相等，而且符号相同，对剪力和弯矩的正负号作如下规定：

（1）剪力的符号规定为：剪力使研究的部分梁段有顺时针转动趋势时，剪力为正，反之为负，如图 3-19（a）、图 3-19（b）所示。

（2）弯矩的符号规定为：弯矩使梁弯曲成下凸变形时（或者说使梁下边受拉，上边受压），弯矩为正，反之为负，如图 3-20（a）、图 3-20（b）所示。

与求轴力和扭矩相类似，横截面上的剪力和弯矩通常按正向假设，根据计算结果的正负确定它们的实际方向。

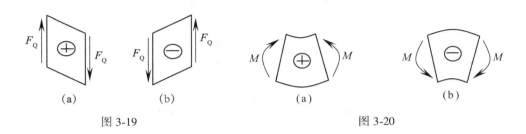

图 3-19　　　　　　　　　　　　　　　　　图 3-20

例 3-4　试求如图 3-21（a）所示梁 D 截面上的剪力和弯矩。

解：首先求出支反力 F_C 和 F_B（图 3-21（b）），其中支座 C 处水平支反力为零。由平衡方程

$$\sum M_C = 0: \quad F_B l + F \frac{l}{2} = 0$$

和

$$\sum M_B = 0: \quad -F_C l + F \frac{3l}{2} = 0$$

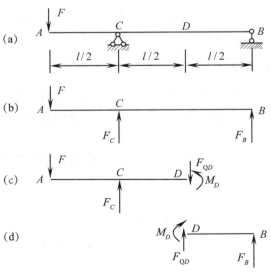

图 3-21

解得

$$F_B = -\frac{F}{2}, \quad F_C = \frac{3F}{2}$$

在计算 D 截面上的剪力 F_{QD} 和弯矩 M_D 时，将梁沿横截面 D 截开，取左段隔离体为研究对象，在隔离体上标明未知内力 F_{QD} 和 M_D 的方向（按符号规定的正号方向标明）。由隔离体的平衡方程：

$$\sum F_y = 0: \quad F_c - F - F_{QD} = 0$$

解得

$$F_{QD} = F_C - F = \frac{F}{2}$$

由

$$\sum M_O = 0: \quad -F_C \frac{l}{2} + Fl + M_D = 0$$

解得

$$M_D = -Fl + F_C \frac{l}{2} = -\frac{Fl}{4}$$

求得 F_{QD} 为正值，说明 D 截面上剪力的实际方向与假定的方向相同；求得 M_D 为负值，说明 D 截面上弯矩的实际方向与假定的方向相反。当然，我们也可以取 D 截面右段隔离体为研究对象（图 3-21(d)），利用隔离体的平衡求得剪力 F_{QD} 和弯矩 M_D。

结论：

（1）梁在任意截面上的剪力，在数值上等于该截面任意一侧（左侧或右侧）隔离体上所有的外力（包括支座反力）沿该截面切向投影的代数和，在左侧隔离体上向上的外力或右侧隔离体上向下的外力投影为正，反之为负。

（2）梁在任意截面上的弯矩，在数值上等于该截面任意一侧（左侧或右侧）隔离体上所有的外力（包括支座反力）对该截面形心取矩的代数和。

3.5.4　剪力图和弯矩图

梁横截面上的剪力和弯矩一般是随横截面位置而变化的，为了形象地表明内力沿梁轴线的变化情况，通常用图形将剪力和弯矩沿梁长的变化情况表示出来，这样的图形分别称为剪力图和弯矩图。

假设梁截面位置用沿梁轴线的坐标 x 表示，则梁的各个横截面上的剪力和弯矩都可以表示为坐标 x 的函数，即

$$\left. \begin{array}{l} F_Q = F_Q(x) \\ M = M(x) \end{array} \right\}$$

通常把它们叫做梁的内力方程——剪力方程和弯矩方程。

利用方程作剪力图、弯矩图的步骤：

（1）求出梁的支座反力；

（2）根据梁的受力情况分段、取分离体、进行受力分析，列出剪力方程和弯矩方程；

（3）根据剪力方程、弯矩方程，作相应的剪力图和弯矩图。

下面通过例题说明内力图的作法。

例 3-5　如图 3-22(a)所示，悬臂梁自由端作用集中力 **F**，试作梁的剪力图和弯矩图。

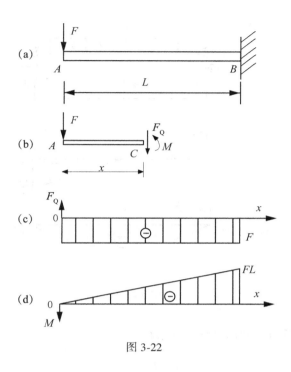

图 3-22

解：(1)列剪力方程，弯矩方程。如图 3-22(b)所示，建立剪力坐标系，取 A 点为坐标原点，AB 的方向为 x 轴正向，然后在梁上取坐标为 x 的任意横截面 C，用假想的截面将梁截开，取 AC 为隔离体进行分析，列剪力方程和弯矩方程：

$$\sum M_c(F) = 0: \quad F \cdot x + M = 0$$

$$\sum F_y = 0: \quad F_Q + F = 0$$

解得

$$M = -Fx \qquad (0 \leqslant x < L)$$

$$F_Q = -F \qquad (0 < x < L)$$

(2)根据剪力方程和弯矩方程，画出 M 图、F_Q 图。通过此两式便可计算出此梁任意横截面上的剪力和弯矩。

剪力图应是一条平行于梁轴线的直线段，如图 3-22(c)所示。弯矩方程是关于坐标 x 的一次函数，所以弯矩图应是一条斜直线段，只要确定直线上的两个边缘点，便可画出弯矩图。

当 x = 0 时，有 $M_A = 0$；

当 x→L 时，有 $M_B = -FL$。

根据这两个数据就可以画出弯矩图，将正值的弯矩值画在 x 轴的下方，负值的弯矩值画在轴线的上方，如图 3-22(d)所示。

例 3-6　如图 3-23(a)所示的简支梁，在全梁上受集度为 q 的均布荷载作用，试作梁的剪力图和弯矩图。

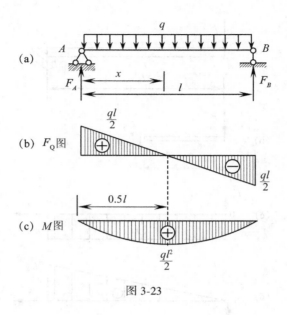

图 3-23

解：(1)求支座反力，利用平衡方程求得

$$F_A = F_B = \frac{1}{2}ql$$

(2)列剪力方程和弯矩方程。取距左端为 x 的任意横截面(图 3-23(a))，考虑截面左侧的梁段，则梁的剪力和弯矩方程分别为

$$F_Q(x) = F_A - qx = \frac{ql}{2} - qx \qquad (0 < x < l)$$

$$M(x) = F_A x - \frac{1}{2}qx^2 = \frac{ql}{2}x - \frac{1}{2}qx^2 \qquad (0 \leqslant x \leqslant l)$$

(3)画剪力图和弯矩图。剪力方程是 x 的一次函数，所以剪力图是一条倾斜直线段，只要确定两个边缘点，如 $x = 0 + \Delta$ 处，$F_Q = \dfrac{ql}{2}$；$x = l - \Delta$ 处，$F_Q = -\dfrac{ql}{2}$，便可绘出剪力图，如图 3-23(b)所示。

弯矩方程是 x 的二次函数，所以弯矩图是一条二次抛物线，只要确定两个边缘点和一个中间点(或极值点)，在 $x = 0$ 和 $x = l$ 处，$M = 0$；在 $x = \dfrac{l}{2}$ 处，$M = \dfrac{ql^2}{8}$。由此可绘出弯矩图，如图 3-23(c)所示。

求弯矩的极值及其所在的位置。弯矩求一阶导数，并令其等于零：

$$\frac{\mathrm{d}M(x)}{\mathrm{d}x} = \frac{qx}{2} - qx = 0$$

得 $x = \dfrac{l}{2}$。代入弯矩方程，可得最大弯矩为

$$M_{max} = \frac{ql^2}{8}$$

该截面 $F_Q = 0$。

例 3-7　绘出如图 3-24(a)所示简支梁的剪力图和弯矩图。

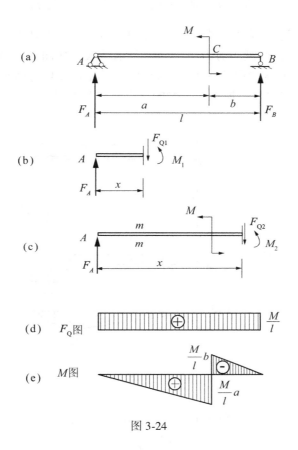

图 3-24

解：(1)求支座反力。以整体为研究对象，由平衡方程得

$$F_A = \frac{M}{l}, \quad F_B = -\frac{M}{l}$$

(2)列出剪力方程、弯矩方程。由于 C 处有集中力偶 M 作用，应将梁分为 AC 和 CB 两段，分别在两段内取截面，根据横截面左侧上的外力，列出剪力方程、弯矩方程。

取 AC 段分析：

$$\sum M_C = 0: \quad -F_A \cdot x + M_1 = 0$$

$$M_1 = F_A \cdot x = \frac{M}{l}x \quad (0 \leqslant x < a)$$

$$\sum F_y = 0: \quad F_{Q1} = F_A = \frac{M}{l} \quad (0 < x \leqslant a)$$

取 CB 段分析：

$$\sum M_C = 0: \quad -F_A \cdot x + M + M_2 = 0$$

$$M_2 = F_A \cdot x - M = -\frac{M}{l}(l - x) \quad (a < x \le l)$$

$$\sum F_y = 0: \quad F_{Q2} = F_A = \frac{M}{l} \quad (a \le x < l)$$

（3）根据弯矩方程、剪力方程作 M 图、F_Q 图。由 AC 段和 CB 段的剪力方程，可知 AC 段和 CB 段的剪力相同，两段的剪力图为同一条水平线，如图 3-24（d）所示；由 AC 段和 CB 段的弯矩方程，可知两段梁的弯矩图为斜直线，如图 3-24（e）所示。

例 3-8 绘出如图 3-25（a）所示简支梁的剪力图和弯矩图。

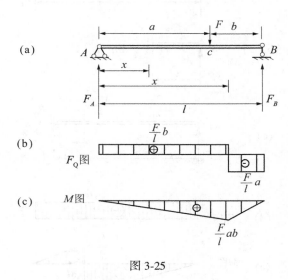

图 3-25

解：（1）求支座反力。以整体为研究对象，由平衡方程得

$$F_A = \frac{Fb}{l}, \quad F_B = \frac{Fa}{l}$$

（2）列出剪力方程、弯矩方程。由于 C 处有集中力 F 作用，应将梁分为 AC 和 CB 两段，分别在两段内取截面，根据横截面左侧上的外力，列出剪力方程、弯矩方程。

取 AC 段分析：

$$\sum M_C = 0: \quad M_1 = F_A \cdot x = \frac{Fb}{l}x \quad (0 \le x \le a)$$

$$\sum F_y = 0: \quad F_{Q1} = F_A = \frac{Fb}{l} \quad (0 < x < a)$$

取 CB 段分析：

$$\sum M_c = 0: \quad M_2 = F_B(l - x) = \frac{Fa}{l}(l - x) \quad (a \le x \le l)$$

$$\sum F_y = 0: \quad F_{Q2} = F_B = -\frac{Fa}{l} \quad (a < x < l)$$

（3）根据弯矩方程、剪力方程作 M 图、F_Q 图。由 AC 段和 CB 段的剪力方程，可知 AC 段和 CB 段的剪力相同，两段的剪力图均为水平线，如图 3-25（b）所示；由 AC 段和 CB 段的弯矩方程，可知两段梁的弯矩图为斜直线，如图 3-25（c）所示。

3.5.5　荷载、剪力和弯矩间的关系

在例 3-6 中，如果将弯矩方程对 x 求一阶导数，得 $\dfrac{dM(x)}{dx} = \dfrac{ql}{2} - qx$，这恰是剪力方程，即

$$\frac{dM(x)}{dx} = F_Q(x)$$

再将剪力方程对 x 求一阶导数，得

$$\frac{dF_Q(x)}{dx} = -q$$

这恰是载荷集度，若载荷集度方向向上，则有

$$\frac{dF_Q(x)}{dx} = q(x)$$

由以上两式还可以得

$$\frac{d^2M(x)}{d^2x} = q(x)$$

以上的微分关系说明：剪力图中曲线上某切线的斜率等于梁上对应点处荷载集度；弯矩图中曲线上某点切线的斜率等于梁在对应截面上的剪力。

根据上述关系，可以得到直杆上荷载、剪力图、弯矩图三者之间的关系（见表 3-1）。

剪力图与弯矩图图形规律，可概括如下：

（1）梁上某段无载荷作用（$q=0$）时，此段梁的剪力 F_Q 为常数，剪力图为水平线；弯矩 M 则为 x 的一次函数，弯矩图为斜直线。

（2）梁上某段受均布载荷作用（q 为常数）时，此段梁的剪力 F_Q 为 x 的一次函数，剪力图为斜直线；弯矩 M 则为 x 的二次函数，弯矩图为抛物线。在剪力 $F_Q=0$ 处，弯矩图的斜率为零，此处的弯矩为极值。

（3）在集中力作用处，剪力图有突变，突变值即为该处集中力的大小；此时弯矩图的斜率也发生突然变化，因而弯矩图在此处有一折角。

（4）在集中力偶作用处，弯矩图有突变，突变值即为该处集中力偶矩的大小，但剪力图却没有变化，故集中力偶作用处两侧剪力图的斜率相同。

利用微分关系做内力图的步骤：先根据梁上荷载将梁分为几段，然后由各段内荷载分布情况初步判断剪力图和弯矩图的形状，再求出控制截面上的内力值，从而画出全梁的剪力图和弯矩图。下列截面均可能为控制截面：

（1）集中力作用点的两侧截面；

（2）集中力偶作用点的两侧截面；

（3）集度相同、连续变化的分布荷载起点和终点处截面。

以上作内力图的步骤简言为分段、定点、计算、连线。

表 3-1　　　　　　　　　　梁的荷载、剪力图、弯矩图相互关系

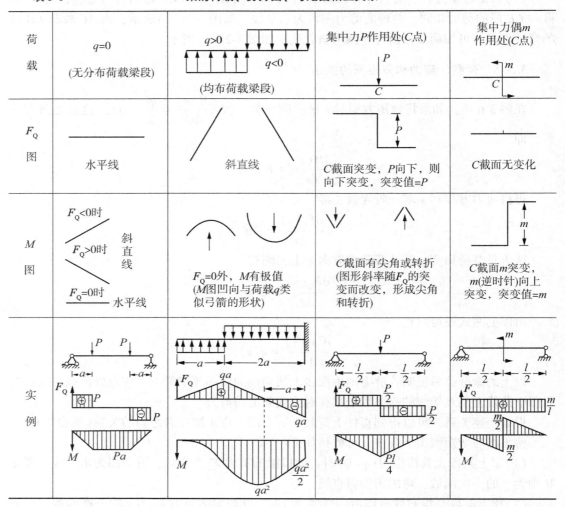

荷载	$q=0$（无分布荷载梁段）	$q>0$　$q<0$（均布荷载梁段）	集中力P作用处（C点）	集中力偶m作用处（C点）
F_Q图	水平线	斜直线	C截面突变，P向下，则向下突变，突变值$=P$	C截面无变化
M图	$F_Q<0$时　斜直线　$F_Q>0$时　$F_Q=0$时　水平线	$F_Q=0$外，M有极值（M图凹向与荷载q类似弓箭的形状）	C截面有尖角或转折（图形斜率随F_Q的突变而改变，形成尖角和转折）	C截面m突变，m（逆时针）向上突变，突变值$=m$
实例				

例 3-9　如外伸梁的尺寸及荷载如图 3-26（a）所示，试作梁的剪力图和弯矩图。

解：首先由梁的平衡求出支座反力：$F_A=8\text{kN}$，$F_B=12\text{kN}$。

因为梁上的外力将梁分为两段，所以需分段绘制剪力图和弯矩图。

（1）作剪力图。

AB 段：$F_{QA右}=F_A=8\text{kN}$，$F_{QB左}=-12\text{kN}$。

BC 段：$F_{QB右}=F_{QC左}=0$。

此外，还应求出 $F_Q=0$ 的截面位置，以确定弯矩的极值。设该截面距梁左端点为 x，于是在 x 处截面上剪力为零，即

$$F_{Qx}=F_A-qx=0$$

$$x=\frac{F_A}{q}=\frac{8\times10^3}{5\times10^3}=1.6\text{m}$$

由以上各段的剪力值并结合微分关系，便可绘出剪力图如图 3-26（b）所示。

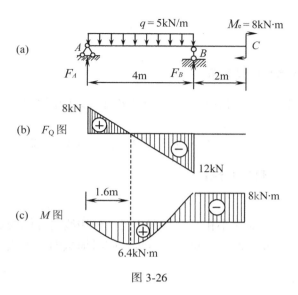

图 3-26

（2）作弯矩图。

AB 段作用有向下的均布荷载，即 $q(x)=$ 常数 <0，所以 AB 段的弯矩图为下凸二次抛物线；BC 段没有荷载作用，即 $q(x)=0$，所以 BC 段的弯矩图为直线。

在 B 支座处，由于有集中力 F_B 的作用，弯矩图有转折，转折方向与集中力方向一致。两段分界处的弯矩值为

$$M_B = -8\text{kN} \cdot \text{m}$$

AB 段内在剪力为零的截面上弯矩有极值，为

$$M_{极值} = F_A \times 1.6 - \frac{1}{2}q \times (1.6)^2 = 6.4\text{kN} \cdot \text{m}$$

由分段处的弯矩值和剪力为零处的 $M_{极值}$，并根据微分关系，便可绘出该梁的弯矩图如图 3-26(c)所示。

3.6　本 章 小 结

3.6.1　基本概念

1. 基本假设
（1）续性假设；
（2）均匀性假设；
（3）各向同性假设。
此外还有小变形假设。

2. 杆件的四种基本变形
（1）轴向拉伸或压缩；

（2）剪切；

（3）扭转；

（4）弯曲。

3.6.2 内力的概念及计算方法

内力是指构件因受外力作用而变形，其内部各部分之间因相对位置改变而引起的各部分之间的相互作用力。

计算内力的方法——截面法：（1）截开；（2）替代；（3）平衡。

3.6.3 轴向拉（压）杆内力分析

1. 特点

（1）杆件受力特征：一对大小相等、方向相反、作用线与杆轴线重合的外力。

（2）变形特征：长度发生改变，拉长或压短，同时横截面变细或变粗。

2. 内力、内力图

（1）内力——轴力 F_N。

轴力 F_N 的符号规定：当轴力的方向与横截面的外法线方向一致时，杆件受拉伸长，轴力为正；反之，杆件受压缩短，轴力为负。

（2）轴力图：表示轴力与截面位置的关系的图线。

3.6.4 扭转杆件内力分析

1. 受力及变形特点

在杆件的两端作用两个大小相等、方向相反、且作用平面与杆件轴线垂直的力偶，使杆件的任意两个截面都发生绕杆件轴线的相对转动。

2. 内力、内力图

（1）内力——扭矩 T。

扭矩的正负号规定：采用右手螺旋定则，如果以右手四指表示扭矩的转向，则拇指的指向离开截面时的扭矩为正，反之为负。

（2）扭矩图：表示扭矩随横截面位置变化情况的图线。

3.6.5 弯曲杆件的内力分析

1. 受力及变形特点

在通过轴线的平面内，受到垂直于杆件轴线的外力（横向力）或外力偶作用。在这样的外力作用下，杆的轴线将弯曲成一条曲线。

2. 平面弯曲的概念

如果作用于梁上的所有外力都在纵向对称面内，则变形后梁的轴线也将在此对称平面内弯曲成一条平面曲线。

3. 静定梁的基本形式

（1）简支梁；

（2）外伸梁；

（3）悬臂梁。

4．内力、内力图

（1）内力——剪力和弯矩，分别用 F_Q、M 表示。

剪力的符号规定为：剪力使研究的部分梁段有顺时针转动趋势时，剪力为正，反之为负。

弯矩的符号规定为：弯矩使梁弯曲成下凸变形时（或者说使梁下边受拉，上边受压），弯矩为正，反之为负。

（2）剪力图、弯矩图：表示梁的内力剪力和弯矩沿梁长的变化情况的图线。

3.6.6　荷载、剪力和弯矩间的关系

（1）梁上某段无载荷作用时，剪力图为水平线，弯矩图为斜直线。

（2）梁上某段受均布载荷作用时，此段梁剪力图为斜直线，弯矩图为抛物线。

（3）在集中力作用处，剪力图有突变，突变值即为该处集中力的大小，而弯矩图在此处有一折角。

（4）在集中力偶作用处，弯矩图有突变，突变值即为该处集中力偶矩的大小，但剪力图却没有变化。

第4章 平面图形的几何性质

【本章要求】 理解平面图形几何性质(形心、静矩、惯性矩、惯性半径、极惯性矩、惯性积、主轴等)的概念。能正确计算简单几何图形的形心、惯性矩。

【本章重点】 惯性矩与主惯性矩的计算。

受力构件的承载能力,不仅与材料性能和加载方式有关,而且与构件截面的几何形状和尺寸有关。当研究构件的强度、刚度和稳定性问题时,都要涉及一些与截面形状和尺寸有关的几何量。这些几何量包括:形心、静矩、惯性矩、惯性半径、极惯性矩、惯性积、主惯性矩等,统称为截面图形的几何性质。研究这些几何性质时,完全不需考虑研究对象的物理和力学因素,只作为纯几何问题处理。

4.1 静矩与形心

4.1.1 静矩

任意的截面图形如图 4-1 所示,其面积为 A, Oyz 为截面所在平面内的任意直角坐标系。在坐标(y, z)处取微面积 $\mathrm{d}A$,则面积积分

$$S_y = \int_A z\mathrm{d}A, \qquad S_z = \int_A y\mathrm{d}A \tag{4-1}$$

分别称为截面对 y 轴与 z 轴的静矩,又称一次矩。

由上述定义可知:平面图形的静矩是对某一坐标轴而言的,同一图形对不同的坐标轴,其静矩也就不一样。静矩的数值可能为正,可能为负,也可能为零。静矩的量纲为长度的三次方。

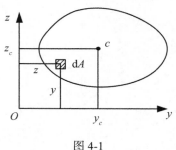

图 4-1

4.1.2　截面的形心

图形的几何形状中心称为形心。根据合力矩定理可知，均质等厚度薄板的中心在 Oyz 坐标系中的坐标为：

$$\begin{cases} y_C = \dfrac{\displaystyle\int_A y\,\mathrm{d}A}{A} \\[3mm] z_C = \dfrac{\displaystyle\int_A z\,\mathrm{d}A}{A} \end{cases} \tag{4-2}$$

根据式(4-2)可以计算出截面形心的位置，将式(4-1)代入式(4-2)可得

$$\begin{cases} S_z = y_C \cdot A \\ S_y = z_C \cdot A \end{cases} \tag{4-3}$$

由此可见，当坐标 y_C 或 z_C 为零时，即坐标轴通过截面形心时，截面对该轴的静矩为零；反之，如果对某个轴的静矩为零，那么该轴必定通过截面形心。

4.1.3　组合结构的静矩和形心坐标

当平面图形由简单的图形组合而来时，由静矩的定义可知：图形各组成部分对某一轴的静矩的代数和，等于整个组合图形对同一轴的静矩，即

$$S_z = \sum_{i=1}^{n} A_i \, \overline{y_i}, \quad S_y = \sum_{i=1}^{n} A_i \, \overline{z_i} \tag{4-4}$$

式中：A_i、$\overline{y_i}$ 和 $\overline{z_i}$ 分别表示第 i 个简单图形的面积及形心坐标；n 表示组成平面图形的简单图形的个数。

将式(4-4)代入式(4-3)，便得到该组合图形形心坐标的计算公式：

$$y_C = \dfrac{\displaystyle\sum_{i=1}^{n} A_i \, \overline{y_i}}{\displaystyle\sum_{i=1}^{n} A_i}, \quad z_C = \dfrac{\displaystyle\sum_{i=1}^{n} A_i \, \overline{z_i}}{\displaystyle\sum_{i=1}^{n} A_i} \tag{4-5}$$

例 4-1　试求图示截面的阴影线面积对 z 轴的静矩(图中 C 为截面形心，单位 mm)。

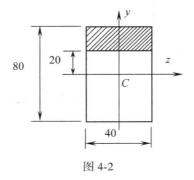

图 4-2

解：求图中阴影线面积对 z 轴的静矩，利用公式，需要求出阴影部分的面积，及阴影部分的形心坐标 y_C，则

$$S_z^* = A^* y_c = 40 \times 20 \times 30 = 24000 (\text{mm}^3)$$

例 4-2 图 4-3 所示为对称 T 形截面，求该截面的形心位置。

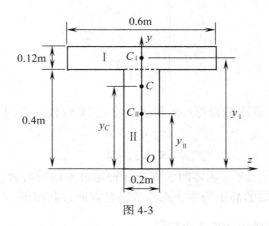

图 4-3

解：建立直角坐标系 zOy，其中 y 为截面的对称轴。因图形相对于 y 轴对称，其形心一定在该对称轴上，因此 $z_C = 0$，只需计算 y_c 值。将截面分成 I 、 II 两个矩形，则

$$A_{\text{I}} = 0.072\text{m}^2, \quad A_{\text{II}} = 0.08\text{m}^2$$
$$y_{\text{I}} = 0.46\text{m}, \quad y_{\text{II}} = 0.2\text{m}$$

$$y_c = \frac{\sum_{i=1}^n A_i y_{ci}}{\sum_{i=1}^n A_i} = \frac{A_{\text{I}} y_{\text{I}} + A_{\text{II}} y_{\text{II}}}{A_{\text{I}} + A_{\text{II}}}$$

$$= \frac{0.072 \times 0.46 + 0.08 \times 0.2}{0.072 + 0.08} = 0.323(\text{m})$$

例 4-3 试确定如图 4-4 所示截面形心 C 的位置。

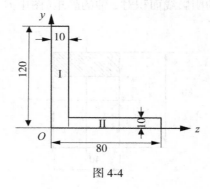

图 4-4

解：将截面分为 I 、 II 两个矩形。为了计算方便，取 z 轴和 y 轴分别与界面的底边和

左边缘重合。计算每一个矩形的面积 A_i 和形心坐标 $(\bar{x}_i, \bar{y}_i)$：

矩形 Ⅰ：

$$A_{\text{Ⅰ}} = 10 \times 120 = 1200(\text{mm}^2)$$

$$\bar{z}_{\text{Ⅰ}} = \frac{10}{2} = 5(\text{mm}), \qquad \bar{y}_{\text{Ⅰ}} = \frac{120}{2} = 60(\text{mm})$$

矩形 Ⅱ：

$$A_{\text{Ⅱ}} = 10 \times 70 = 700(\text{mm}^2)$$

$$\bar{z}_{\text{Ⅱ}} = 10 + \frac{70}{2} = 45(\text{mm}), \qquad \bar{y}_{\text{Ⅱ}} = \frac{10}{2} = 5(\text{mm})$$

将其代入式(4-5)，即得截面形心 C 的坐标为：

$$\bar{z} = \frac{A_{\text{Ⅰ}}\bar{z}_{\text{Ⅰ}} + A_{\text{Ⅱ}}\bar{z}_{\text{Ⅱ}}}{A_{\text{Ⅰ}} + A_{\text{Ⅱ}}} = \frac{37500}{1900} \approx 20(\text{mm})$$

$$\bar{y} = \frac{A_{\text{Ⅰ}}\bar{y}_{\text{Ⅰ}} + A_{\text{Ⅱ}}\bar{y}_{\text{Ⅱ}}}{A_{\text{Ⅰ}} + A_{\text{Ⅱ}}} = \frac{75500}{1900} \approx 40(\text{mm})$$

4.2　惯性矩、惯性半径和惯性积

4.2.1　惯性矩

任意平面图形如图 4-5 所示，其面积为 A，zOy 为截面所示平面内的任意直角坐标系。在距原点矢径为 ρ、坐标为 (y, z) 处取微面积 $\mathrm{d}A$，则面积积分

$$I_p = \int_A \rho^2 \mathrm{d}A \tag{4-6}$$

称为截面对原点 O 的极惯性矩，它的值恒为正，其量纲为长度的四次方。

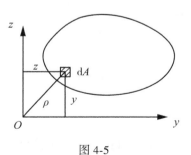

图 4-5

下面介绍圆形截面对其形心的极惯性矩。

如图 4-6(a)所示为一圆截面，在圆截面上距圆心 O 为 ρ 处，取厚度为 $\mathrm{d}\rho$ 的环形面积作为微面积 $\mathrm{d}A$，则

$$\mathrm{d}A = 2\pi\rho\mathrm{d}\rho$$

$$I_p = \int_A \rho^2 \mathrm{d}A = \int_0^{\frac{D}{2}} 2\pi\rho^3 \mathrm{d}\rho = \frac{\pi D^4}{32}$$

对于如图 4-6(b)所示的空心圆截面，其内、外径分别为 d 和 D，比值 $\alpha = \dfrac{d}{D}$，也可用上述相同的方法求得其极惯性矩为

$$I_p = \int_{\frac{d}{2}}^{\frac{D}{2}} 2\pi\rho^3 \mathrm{d}\rho = \frac{\pi}{32}(D^4 - d^4) = \frac{\pi D^4}{32}(1 - \alpha^4)$$

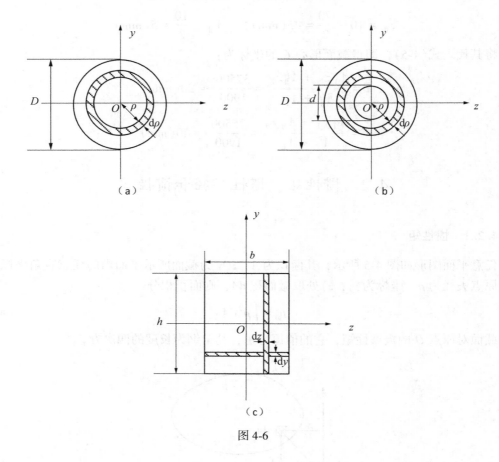

图 4-6

同理，得

$$I_y = \int_A z^2 \mathrm{d}A, \qquad I_z = \int_A y^2 \mathrm{d}A \tag{4-7}$$

称为截面对 y 轴和 z 轴的惯性矩。由图 4-5 可以看出

$$I_p = \int_A \rho^2 \mathrm{d}A = \int_A (y^2 + z^2)\mathrm{d}A = \int_A z^2 \mathrm{d}A + \int_A y^2 \mathrm{d}A = I_y + I_z \tag{4-8}$$

因此，截面对任意互相垂直轴的惯性矩之和，等于它对该两轴交点的极惯性矩。

根据惯性矩的定义式，注意微面积的取法。如图 4-6(c)所示，不难求得矩形对于平行其边界的轴的惯性矩：

$$I_z = \frac{bh^3}{12}, \qquad I_y = \frac{hb^3}{12}$$

而圆形对于通过其中心的任意两根轴具有相同的惯性矩，便可得到圆截面对于通过其中心的任意轴的惯性矩均为

$$I_z = I_y = \frac{\pi d^4}{64}$$

对于外径为 D、内径为 d 的圆环截面，则有

$$I_z = I_y = \frac{\pi D^4}{64}(1 - \alpha^4)$$

$$\alpha = \frac{d}{D}$$

应用上述积分，还可以计算其他各种简单图形对于给定坐标轴的惯性矩。

4.2.2　惯性半径

工程中，把截面对某轴的惯性矩与截面面积比值的算术平方根定义为截面对该轴的惯性半径，用 i 来表示。

$$i_z = \sqrt{\frac{I_z}{A}}, \qquad i_y = \sqrt{\frac{I_y}{A}}$$

分别称为图形对于 z 轴和 y 轴的惯性半径。

例 4-4　求如图 4-7 所示箱形截面对其对称轴 z 的惯性矩 I_z。

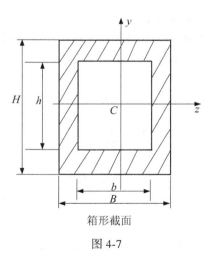

箱形截面

图 4-7

　解：可将箱形看做由大矩形减去小矩形组合而成，大、小矩形都关于 z 轴对称，所以

$$I_z = I_{z大} - I_{z小} = \frac{BH^3}{12} - \frac{bh^3}{12}$$

4.2.3 惯性积

任意平面图形如 4-8 所示，其面积为 A，Oyz 为截面所示平面内的任意直角坐标系。在坐标为 $(y，z)$ 的任一点，定义 $yzdA$ 为微面积 dA 对 y 轴和 z 轴的惯性积。下述积分式

$$I_{yz} = \int_A yzdA \tag{4-9}$$

称为该截面对 y 轴、z 轴的惯性矩。惯性矩 I_{yz} 可能为正，可能为负，也可能为零，其量纲为长度的四次方。

如果两坐标轴中有一个为对称轴，则该图形对 y 轴、z 轴的惯性积为零。

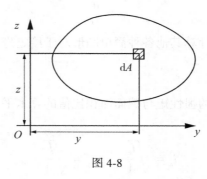

图 4-8

4.2.4 组合图形的惯性矩和惯性积

根据组合图形惯性矩的叠加性可知，由多个简单图形组合成的组合图形对某个坐标轴的惯性矩等于各个简单图形对同一轴的惯性矩之和；组合图形对于某一正交坐标轴的惯性积等于各个简单图形对同一轴的惯性积之和。可以用以下公式表示：

$$\begin{cases} I_y = \sum_{i=1}^n (I_y)_i \\ I_z = \sum_{i=1}^n (I_z)_i \\ I_{xy} = \sum_{i=1}^n (I_{yz})_i \end{cases}$$

式中：$(I_y)_i$、$(I_z)_i$、$(I_{yz})_i$ 分别为第 i 个简单图形对 y 轴的惯性矩和惯性积。

4.3　平行移轴公式

当同一平面图形对于两相互平行的不同坐标轴，其惯性矩和惯性积虽然不同，但是如果其中一对轴过平面图形的形心时，它们之间有着比较简单关系。

如图 4-9 所示为一面积为 A 的任意平面图形，其形心过 Oy_1z_1 坐标系原点。y_1、z_1 轴为该图形的形心轴，并分别与 y、z 轴平行。该图形形心在 Oyz 坐标系中的坐标为 $(a，b)$，取微面积 dA，它在两坐标系中的坐标分别为 $(y，z)$、$(y_1，z_1)$。

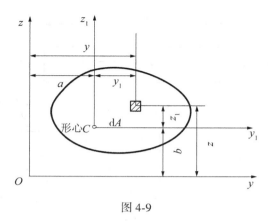

图 4-9

由图 4-9 可得

$$y = a + y_1, \quad z = b + z_1$$

将上式代入式(4-7)，得

$$I_z = \int_A y^2 \mathrm{d}A = \int_A (a + y_1)^2 \mathrm{d}A = Aa^2 + 2a\int_A y_1 \mathrm{d}A + \int_A y_1^2 \mathrm{d}A$$

$$I_y = \int_A z^2 \mathrm{d}A = \int_A (b + z_1)^2 \mathrm{d}A = Ab^2 + 2b\int_A z_1 \mathrm{d}A + \int_A z_1^2 \mathrm{d}A$$

即

$$I_z = I_{z_1} + 2aS_z + Aa^2, \quad I_y = I_{y_1} + 2aS_y + Ab^2$$

由于 y_1 轴和 z_1 轴是形心轴，所以 S_z 和 S_y 都为零，则

$$I_z = I_{z_1} + Aa^2, \quad I_y = I_{y_1} + Ab^2 \tag{4-10}$$

上述所用到的定理即平行移轴定理，可以概括为：截面对于任一轴的惯性矩，等于平行于该轴的形心轴的惯性矩加上截面面积与两轴间距的平方之积。

例 4-5　求图 4-10 中截面的形心主惯性矩。

解：此题在例 4-2 中已求出形心位置为

$$z_C = 0, \ y_C = 0.323\mathrm{m}$$

过形心的主轴 z_0、y_0 如图 4-10 所示。z_0 轴到两个矩形形心的距离分别为：

$$a_{\mathrm{I}} = 0.137\mathrm{m}, \ a_{\mathrm{II}} = 0.123\mathrm{m}$$

截面对 z_0 轴的惯性矩为两个矩形面积对 z_0 轴的惯性矩之和，即

$$I_{z0} = I_{zC1}{}^{\mathrm{I}} + A_{\mathrm{I}} \cdot a_{\mathrm{I}}^2 + I_{zC\mathrm{II}}{}^{\mathrm{II}} + A_{\mathrm{II}} \cdot a_{\mathrm{II}}^2$$

$$= \left(\frac{0.6 \times 0.12^3}{12} + 0.6 \times 0.12 \times 0.137^2 + \frac{0.2 \times 0.4^3}{12} + 0.2 \times 0.4 \times 0.123^2 \right) \mathrm{m}^4$$

$$= 0.37 \times 10^{-2}\mathrm{m}^4$$

截面对 y_0 轴的惯性矩为：

$$I_{y0} = I_{y0}{}^{\mathrm{I}} + I_{y0}{}^{\mathrm{II}} = \left(\frac{0.12 \times 0.6^3}{12} + \frac{0.4 \times 0.2^3}{12} \right) \mathrm{m}^4 = 0.242 \times 10^{-2}\mathrm{m}^4$$

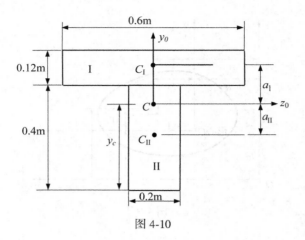

图 4-10

4.4 本 章 小 结

4.4.1 静矩与形心

1. 静矩

截面对 y 轴和 z 轴的静矩表示为：

$$S_y = \int_A z\mathrm{d}A, \qquad S_z = \int_A y\mathrm{d}A$$

2. 截面形心的位置计算

$$\begin{cases} y_C = \dfrac{\int_A y\mathrm{d}A}{A} \\[3mm] z_C = \dfrac{\int_A z\mathrm{d}A}{A} \end{cases} \qquad 或 \qquad \begin{cases} S_z = y_C \cdot A \\[2mm] S_y = z_C \cdot A \end{cases}$$

4.4.2 惯性矩、惯性半径和惯性积

1. 惯性矩

截面对 y 轴和 z 轴的惯性矩表示为：

$$I_y = \int_A z^2\mathrm{d}A, \qquad I_z = \int_A y^2\mathrm{d}A$$

2. 惯性半径

图形对于 z 轴和 y 轴的惯性半径表示为：

$$i_z = \sqrt{\frac{I_z}{A}}, \qquad i_y = \sqrt{\frac{I_y}{A}}$$

3. 惯性积

截面对 y 轴和 z 轴的惯性积表示为：

$$I_{yz} = \int_A yz\mathrm{d}A$$

4.4.3　平行移轴定理

截面对于任一轴的惯性矩，等于平行于该轴的形心轴的惯性矩加上截面面积与两轴间距的平方之积。

第5章 轴向拉压杆的强度及刚度计算

【本章要求】 了解材料的力学性能，重点掌握四种基本变形的应力计算公式，对不同的基本变形，能够熟练地运用强度条件进行强度校核、设计截面和确定许可荷载。

【本章重点】 低碳钢拉伸压缩应力、应变曲线的掌握。

5.1 应力的概念

通过截面法，可以求出构件的内力，但是仅仅求出内力还不能解决构件的强度问题。因为同样的内力，作用在不同大小的横截面上，会产生不同的结果。例如两根材料相同、横截面积不等的直杆，若两者所受的轴向拉力相同(此时横截面上的内力也相同)，则随着拉力的增加，细杆将先被拉断。这说明构件的破坏不仅与内力有关，而且与截面上内力分布的密集程度有关。因此，要研究构件的强度问题，必须研究内力在截面上的分布规律。一般情况下，内力在截面上并不是均匀分布的。为了描述内力在截面上各点处分布的强弱程度，我们需引入内力集度(分布内力集中的程度)即应力的概念。

如图 5-1(a)所示，在受力构件截面上任一点 K 的周围取一微小面积 ΔA，并设作用于该面积上的内力为 ΔF，则 ΔA 上分布内力的平均集度为

$$p_M = \frac{\Delta F}{\Delta A}$$

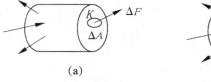
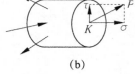

(a)   (b)

图 5-1

式中，p_M 称为 ΔA 上的平均应力。由于截面上的内力一般并非均匀分布，因而平均应力 p_M 之值及其方向将随所取 ΔA 的大小而异。为了更准确地描述点 K 的内力分布情况，应使 ΔA 趋于零，由此所得平均应力 p_M 的极限值，称为点 K 处的总应力(或称全应力)，并用 p 表示：

$$p = \lim_{\Delta A \to 0} \frac{\Delta F}{\Delta A} = \frac{\mathrm{d}F}{\mathrm{d}A}$$

显然，总应力 p 的方向即 ΔF 的极限方向。为了分析方便，通常将总应力 p 分解为垂

直于截面的法向分量 σ 和与截面相切的切向分量 τ（图 5-1(b)）。法向分量 σ 称为正应力，切向分量 τ 称为切应力。显然，总应力 p 与正应力 σ 和切应力 τ 三者之间有如下关系：

$$p^2 = \sigma^2 + \tau^2$$

应力量纲是 [力]/[长度]^2，在国际单位制中，应力单位是帕斯卡（Pascal）或简称帕（Pa），$1Pa = 1N/m^2$。由于这个单位太小，使用不便，故工程中常采用千帕（kPa）（$1kPa = 10^3Pa$）、兆帕（MPa）（$1MPa = 10^6Pa$）或吉帕（GPa）（$1GPa = 10^9Pa$）。

5.2　轴向拉(压)杆强度计算

发生轴向拉伸或压缩变形的杆件简称为拉压杆。为了对拉压杆进行强度计算，必须求出截面上的应力。

5.2.1　横截面上的正应力

从前面的分析可以知道，拉压杆横截面上的内力只有轴力 F_N，沿着截面的法向方向，与轴力对应的应力只有正应力 σ，且它们之间满足如下的静力学关系：

$$F_N = \int_A \sigma \mathrm{d}A$$

为了将上式中的正应力 σ 求出来，必须知道 σ 在横截面上的分布规律，而应力分布规律与变形有关，为此，通过试验观察杆的变形。如图 5-2 所示为一等截面直杆，试验前，在杆表面画两条垂直于杆轴的横线 ab 和 cd，然后，在杆两端施加一对大小相等、方向相反的轴向载荷 F。从试验中观察到：横线 ab 和 cd 仍为直线，且仍垂直于杆件轴线，只是间距增大，分别平移至 $a'b'$ 和 $c'd'$ 位置。根据这种现象，可以假设杆件变形后横截面仍保持为平面，且仍然垂直于杆的轴线。这就是平面假设。由此可以推断拉杆所有纵向纤维的伸长是相等的。再考虑到材料是均匀的，各纵向纤维的力学性能相同，故它们受力相同，即正应力均匀分布于横截面上，σ 等于常量。于是由上式得

$$F_N = \int_A \sigma \mathrm{d}A = \sigma A$$

$$\sigma = \frac{F_N}{A} \tag{5-1}$$

式(5-1)即为杆件受轴向拉伸或压缩时，横截面上正应力计算公式，适用于横截面为任意形状的等截面直杆。可见，正应力与轴力具有相同的正负号，即拉应力为正，压应力为负。

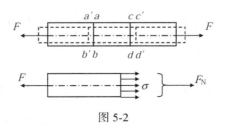

图 5-2

应该指出，式(5-1)只在杆上离外力作用点稍远的部分才正确，而在外力作用点附近的应力情况则比较复杂(因为实际上杆端外力一般总是通过各种不同的连接方式传递到杆上的)。但圣维南原理指出，力作用于杆端方式的不同，只会使与杆端距离不大于杆的横向尺寸的范围内受到影响，这一原理已被实验所证实。因此在拉压杆的应力计算中，都以式(5-1)为准。

5.2.2　斜截面上的应力

轴向拉压杆破坏有时不沿横截面，例如铸铁压缩破坏时，其断面与轴线大致成45°。为了全面分析拉压杆的强度问题，还需研究其斜截面上的应力情况。

考查图5-3(a)所示拉压杆，利用截面法，沿任一斜截面 m—m 将杆截开，取左半部分为研究对象，计算得此斜截面 m—m 上的内力等于 F。该斜截面的方位以其外法线 On 与 x 轴的夹角 α 表示，且规定：从 x 轴逆时针旋转到外法线 On 时，角 α 为正，反之为负。如前所述，杆件横截面上的应力均匀分布，由此可以推断，斜截面 m—m 上的总应力 p_α 也为均匀分布(图5-3(b))，且其方向必与杆轴平行，

$$p_\alpha = \frac{F}{A_\alpha}$$

设杆件横截面的面积为 A，则斜截面的面积为

$$A_\alpha = \frac{A}{\cos\alpha}$$

将此关系式代入上式，并利用式(5-1)，可得

$$p_\alpha = \frac{F}{A_\alpha} = \frac{F}{A/\cos\alpha} = \sigma\cos\alpha$$

将应力 p_α 沿截面法向与切向分解(图5-3(c))，得斜截面上的正应力与切应力分别为

$$\sigma_\alpha = p_\alpha\cos\alpha = \sigma_0\cos^2\alpha \tag{5-2}$$

$$\tau_\alpha = p_\alpha\sin\alpha = \frac{\sigma_0}{2}\sin2\alpha \tag{5-3}$$

式(5-2)、式(5-3)是求拉压杆中任意斜截面上正应力 σ_α 和切应力 τ_α 的计算公式。它反映了 σ_α 和 τ_α 值随斜截面方位角 α 的变化规律。其正负符号规定如下：正应力 σ_α 仍规定拉应力为正，切应力 τ_α 规定绕研究对象体内任一点有顺时针转动趋势时为正值，反之则为负值。

由式(5-2)、式(5-3)可知：

(1)当 $\alpha=0$ 时，正应力最大，其值为 $\sigma_{max}=\sigma$，即拉压杆的最大正应力发生在横截面上，其值为 σ。

(2)当 $\alpha=45°$ 时，切应力最大，其值为 $\tau_{max}=\frac{\sigma}{2}$，即拉压杆的最大切应力发生在与杆轴成45°的斜截面上，其值为 $\frac{\sigma}{2}$。

(3)当 $\alpha=90°$ 时，$\sigma=\tau=0$，即与横截面垂直的纵截面上不存在应力。

(4)当 $\alpha_1=\alpha+90°$ 时，$\tau_{\alpha1}=\frac{\sigma}{2}\sin2(\alpha+90°)=-\frac{\sigma}{2}\sin2\alpha=-\tau_\alpha$。这表明：在两个互相垂

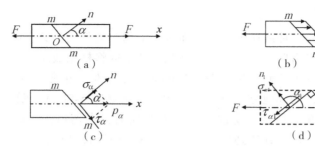

图 5-3

直的截面上，切应力必然成对出现，其数值相等，方向为共同指向或背离此两垂直面的交线（图 5-3(d)）。这个规律称为切应力互等定理。这是一个普遍成立的定理，在任何受力情况下都是成立的。

例 5-1　阶梯形圆截面直杆受力如图 5-4(a)所示，已知载荷 $F_1 = 20kN$，$F_2 = 50kN$，杆 AB 段与 BC 段的直径分别为 $d_1 = 30mm$，$d_2 = 20mm$。试求各段杆横截面上的正应力及 AB 段上斜截面 m—m 上的正应力和切应力。

解：由截面法求得杆件 AB 段、BC 段的轴力分别为

$$F_{N1} = -30kN（压力）$$
$$F_{N2} = 20kN（拉力）$$

由式(5-1)得，杆件 AB 段、BC 段的正应力分别为

$$\sigma_1 = \frac{F_{N1}}{A_1} = \frac{4F_{N1}}{\pi \times d^2} = \frac{4 \times (-30 \times 10^3)}{\pi \times 0.03^2} \times 10^{-6} = -42.4MPa（压应力）$$

$$\sigma_2 = \frac{F_{N2}}{A_2} = \frac{4F_{N2}}{\pi \times d_2^{\;2}} = \frac{4 \times 20 \times 10^3}{\pi \times 0.02^2} \times 10^{-6} = 63.7MPa（拉应力）$$

斜截面 m—m 的方位角为：$\alpha = 40°$，于是由式(5-2)、式(5-3)得，斜截面 m—m 上的正应力与切应力分别为

$$\sigma_{40°} = \sigma_1 \cos^2\alpha = -42.4\cos 40° = -32.5MPa$$

$$\tau_{40°} = \frac{\sigma_1}{2}\sin 2\alpha = -\frac{42.4}{2}\sin 80° = -20.9MPa$$

其方向如图 5-4(b)所示。

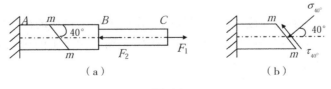

(a)　　　　　　　　　(b)

图 5-4

5.2.3 应力集中的概念

如前所述,等直杆轴向拉伸或压缩时,其横截面上的应力是均匀分布的。但是,工程实际中的构件由于结构上的需要,往往在杆中开孔、切槽或将杆制成阶梯形等,这就使得杆的局部区段的截面尺寸发生急剧变化。由实验得知,在杆件尺寸突然改变的横截面上,正应力不再是均匀分布的,局部地方的应力急剧增大。例如图 5-5(a)、图 5-5(b)所示的带有半圆形切口和钻有圆孔的板条,受轴向拉力 F 作用时,在切口、孔口边缘附近的局部区域内,应力急剧增大,边缘处达到最大值 σ_{max}。这种由于杆件形状和尺寸的急剧变化引起局部应力急剧增大的现象称为应力集中。

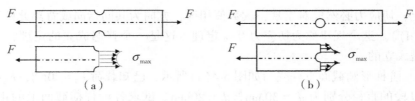

图 5-5

应力集中的程度常用理论应力集中因数 $K_{t\sigma}$ 表示,其定义为

$$K_{t\sigma} = \frac{\sigma_{max}}{\sigma_m}$$

式中: σ_{max} 为发生应力集中的截面上的最大应力; σ_m 为同一截面上的平均应力; $K_{t\sigma}$ 是一个大于 1 的系数。

实验结果表明:截面尺寸改变得越急剧、角越尖、孔越小,应力集中的程度就越严重。因此,在杆件上应尽可能避免尖角、槽和小孔,在阶梯轴肩处应采用圆弧过渡,而且过渡圆弧的半径以尽可能大些为好。

5.2.4 极限应力、许用应力和安全因数

材料断裂或产生过大的塑性变形时的应力称为极限应力,用 σ_o 表示。在 5.4 中将介绍,塑性材料的应力达到屈服极限 σ_s 或名义屈服极限 $\sigma_{0.2}$ 时,就会出现显著的塑性变形;脆性材料的应力达到强度极限 σ_b 时,就会发生断裂。这两种情况都会使材料丧失正常的工作能力,这种现象称为强度失效。对于塑性材料, $\sigma_o = \sigma_s$ 或 $\sigma_{0.2}$;对于脆性材料, $\sigma_o = \sigma_b$。

为了保证杆件有足够的强度,应使杆件的工作应力小于材料的极限应力。此外,杆件应留有必要的强度储备。在强度计算中,把极限应力除以大于 1 的因数 n,作为设计时的最高值,称为许用应力,用 $[\sigma]$ 表示,即

$$[\sigma] = \frac{\sigma_o}{n}$$

式中: n 称为安全因数。

确定安全因数是一个复杂的问题。一般来说,应考虑材料的均匀性、载荷估计的准确

性、计算简图和计算方法的精确性、杆件在结构中的重要性以及杆件的工作条件等。安全因数的选取直接关系到安全性和经济性。若安全因数偏大，则杆件偏于安全，造成材料浪费；反之，则杆件工作时危险。在工程设计中，安全因数可从有关规范或手册中查到。在常温静载下，对于塑性材料，一般取 $n_s = 1.4 \sim 1.7$；对于脆性材料，一般取 $n_b = 2.5 \sim 3.0$。

5.2.5 拉压杆的强度条件

材料的许用应力是构件实际工作时的最大极限值。因此，为了保证构件安全可靠地工作，构件内的最大工作应力 $\sigma_{\max}$ 不得超过材料的许用应力 $[\sigma]$。对于等直杆，有

$$\sigma_{\max} = \frac{F_{N\max}}{A} \leqslant [\sigma] \tag{5-4}$$

上式称为拉(压)杆的强度条件。根据强度条件，可以解决以下三种类型的强度计算问题：

(1)强度校核，已知杆的材料、尺寸和承受的载荷(即已知 $[\sigma]$、A 和 $F_{N\max}$)，要求校核杆的强度是否足够。此时只需检查式(5-4)是否成立。

(2)设计截面，已知杆的材料、承受的载荷(即已知 $[\sigma]$、$F_{N\max}$)，要求确定横截面面积或尺寸。为此，将式(5-4)改写为

$$A \geqslant \frac{F_{N\max}}{[\sigma]}$$

由此确定横截面面积，再根据横截面形状，确定横截面尺寸。

(3)确定许用载荷，已知杆的材料和尺寸(即已知 $[\sigma]$ 和 A)，要求确定杆所能承受的最大载荷。为此将式(5-4)改写为

$$F_{N\max} \leqslant A[\sigma]$$

先算出最大轴力，再由载荷与轴力的关系，确定杆的许用载荷。

例 5-2 一钢制直杆受力如图 5-6(a)所示。已知 $[\sigma] = 160\text{MPa}$，$A_1 = 300\text{mm}^2$，$A_2 = 150\text{mm}^2$，试校核此杆的强度。

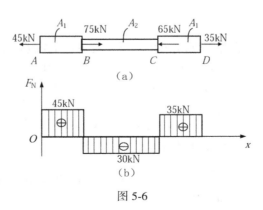

图 5-6

解：(1)用截面法计算杆件各段轴力，并画轴力图，如图 5-6(b)所示。

(2)确定可能的危险截面：*AB* 段截面，因其轴力($F_{N1} = 45\text{kN}$)最大；*BC* 段截面，其

轴力$(F_{N2}=-30\text{kN})$虽然最小，但面积亦最小。

注意到 CD 段截面不可能是危险截面，因为其轴力 $F_{N3}<F_{N1}$，且 AB 段和 CD 段的截面面积都相同。

（3）用强度条件校核该杆的强度安全性。

AB 段：

$$\sigma_{AB}=\frac{F_{N1}}{A_1}=\frac{45\times10^3}{300\times10^{-6}}\times10^{-6}=150\text{MPa}(\text{拉应力})<[\sigma]$$

BC 段：

$$\sigma_{BC}=\frac{F_{N2}}{A_2}=\frac{30\times10^3}{150\times10^{-6}}\times10^{-6}=200\text{MPa}(\text{压应力})>[\sigma]$$

可见，AB 段满足强度要求，而 BC 段不满足强度要求。

一般来说，当校核了结构中某一杆件或某一杆件截面不满足强度要求时，该结构的强度便是不安全的了。

例 5-3 如图 5-7(a)所示为三角形托架，杆 AB 为直径 $d=20\text{mm}$ 的圆形钢杆，材料为 Q235 钢，许用应力$[\sigma]=160\text{MPa}$，载荷 $F=45\text{kN}$。试校核杆 AB 的强度。

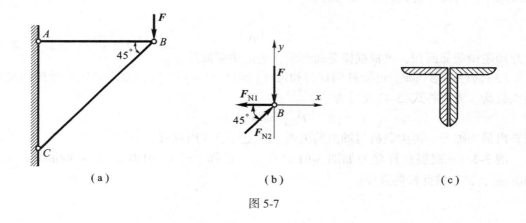

图 5-7

解：（1）计算杆 AB 的轴力。取结点 B 为研究对象（图 5-7(b)），列出平衡方程：

$$\Sigma F_x=0:\ F_{N2}\cos45°-F_{N1}=0$$
$$\Sigma F_y=0:\ F_{N2}\sin45°-F=0$$

联立求解，得

$$F_{N1}=F=45\text{kN}$$

（2）强度校核杆横截面上的应力大小为

$$\sigma=\frac{F_{N1}}{\frac{1}{4}\pi d^2}=\frac{45\times10^3\text{N}}{\frac{1}{4}\pi\times20^2\times10^{-6}\text{m}^2}=143.2\times10^6\text{Pa}<[\sigma]=160\text{MPa}$$

因此杆 AB 的强度足够。

例 5-4 在例 5-3 中，若杆 AB 由两根等边角钢组成（图 5-7(c)），其他条件不变，试选择等边角钢的型号。

解：（1）计算杆 AB 的轴力。由例 5-3 已算得杆 AB 的轴力为
$$F_{N1} = 45\text{kN}$$
（2）设计截面杆 AB 的横截面面积为
$$A \geqslant \frac{F_{N1}}{[\sigma]} = \frac{45\times10^3\text{N}}{160\times10^6\text{Pa}} = 0.281\times10^{-3}\text{m}^2 = 281.3\text{mm}^2$$

查型钢表可选 L25×3 的等边角钢，其横截面面积为 $1.432\text{cm}^2 = 143.2\text{mm}^2$。采用两根这样的角钢，其总横截面面积为 $2\times143.2\text{mm}^2 = 286.4\text{mm}^2 > 281.3\text{mm}^2$，可满足要求。

例 5-5　如图 5-7（a）所示的三角形托架中，若杆 AB 为横截面面积 $A_1 = 480\text{mm}^2$ 的钢杆，许用应力 $[\sigma]_1 = 160\text{MPa}$；杆 BC 为横截面面积 $A_2 = 10000\text{mm}^2$ 的木杆，许用压应力 $[\sigma]_2 = 10\text{MPa}$。求许用载荷 $[F]$。

解：（1）求两杆轴力与载荷 F 的关系。在例 5-3 中，由结点 B 的平衡方程，可得
$$F_{N1} = F(\text{拉})，\quad F_{N2} = 2F(\text{压})$$
（2）求满足杆 AB 强度条件的许用载荷。杆 AB 的许用轴力为
$$F_{N1} = F \leqslant A_1[\sigma]_1$$
因此许用载荷为
$$F \leqslant A_1[\sigma]_1 = 480\times10^{-6}\text{m}^2\times160\times10^6\text{Pa} = 76800\text{N} = 76.8\text{kN}$$
（3）求满足杆 BC 强度条件的许用载荷杆 BC 的许用轴力为
$$F_{N2} = 2F \leqslant A_2[\sigma]_2$$
因此许用载荷为
$$F \leqslant \frac{A_2[\sigma]_2}{2} = \frac{10000\times10^{-6}\text{m}^2\times10\times10^6\text{Pa}}{2} = 70710\text{N} = 70.71\text{kN}$$

为了保证两杆都能安全地工作，许用载荷为
$$[F] = 70.71\text{kN}$$

5.3　轴向拉（压）杆的变形

杆件在载荷作用下都将发生变形。在有些结构或实际工程中，杆件发生过大的变形将影响杆件或结构的正常使用，必须对杆件的变形加以限制。如工程中使用的传动轴、车床主轴等变形过大会造成机器不能正常工作，而有些结构又需要杆件有较大的变形，如汽车上所使用的叠板弹簧，只有当弹簧有较大变形时，才能起缓冲作用。所以，杆件除满足强度要求外，还必须满足刚度要求。在结构的设计中，无论是限制杆件的变形，还是利用杆件的变形，都必须掌握计算杆件变形的方法。

5.3.1　纵向变形与胡克定律

由实验可知，直杆在轴向载荷作用下，将会发生轴向尺寸的改变，同时还伴有横向尺寸的变化。轴向伸长时，横向就略有缩小；反之轴向缩短时，横向就略有增大。

设等直杆的原长度为 l（图 5-8），横截面面积为 A。在轴向拉力 F 作用下，长度由 l 变成 l_1。杆件在轴线方向的伸长为
$$\Delta l = l_1 - l$$

Δl 称为杆件的纵向绝对变形(或称纵向变形)。当 $\Delta l > 0$ 时，杆件是拉伸变形如图，当 $\Delta l < 0$ 时，杆件是压缩变形。

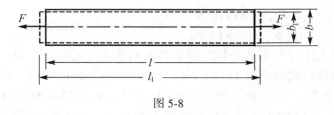

图 5-8

绝对变形的优点是直观，可以直接测量；缺点是无法表示杆件的变形程度。如把 1cm 长和 10cm 长的两个橡皮棒均拉长 1cm，绝对变形相同，但是变形程度不同，因此绝对变形是无法表示杆件的变形程度。在工程中，通常引入相对变形的概念来表示变形程度，即将绝对变形 Δl 除以原长 l，记为

$$\varepsilon = \frac{\Delta l}{l}$$

式中：ε 表示杆件单位长度的纵向变形，称为纵向线应变。它是一个无量纲的量。拉伸时，$\varepsilon > 0$，称为拉应变；压缩时，$\varepsilon < 0$，称为压应变。

实验发现：当杆件的应力不超过某一限度时，杆件的轴向变形与杆件所受的外力 F 和杆长 l 成正比，而与杆件横截面积 A 成反比，即

$$\Delta l \propto \frac{F_N l}{A}$$

引入比例常数 E，则有

$$\Delta l = \frac{F_N l}{EA} \tag{5-5}$$

式(5-5)为胡克定律的表达式。式中：F_N 为杆件的轴向力；E 为材料的弹性模量，其数值随材料的不同而异(各种材料的弹性模量 E 可由实验测定，工程中常见材料的弹性模量见表 5-1)；EA 为杆件的抗拉(压)刚度，表示杆件抵抗拉(压)变形的能力。

将式 $\sigma = \frac{F_N}{A}$ 与 $\varepsilon = \frac{\Delta l}{l}$ 代入式(5-5)，则得到

$$\sigma = E\varepsilon \tag{5-6}$$

式(5-6)为胡克定律的另一种表达形式。此时表明，当正应力不超过某一限度时，正应力与线应变成正比，揭示了应力与应变的定量关系。由于 ε 是一个无量纲量，所以 E 的单位与 σ 相同，其常用单位是 GPa。

5.3.2　横向变形与泊松比

设等直杆变形前的横向尺寸为 b(图 5-9)，变形后为 b_1，则横向绝对变形为

$$\Delta b = b_1 - b$$

由于拉(压)杆的横向变形也是均匀变形，所以横向线应变为

$$\varepsilon' = \frac{\Delta b}{b}$$

杆件是拉伸变形时，$\Delta b < 0$，$\varepsilon' < 0$；杆件压缩变形时，$\Delta b > 0$，$\varepsilon' > 0$。

试验结果表明：当应力不超过比例极限时，横向应变 ε' 与轴向应变 ε 之比的绝对值是一个常数，即

$$\left| \frac{\varepsilon'}{\varepsilon} \right| = \mu$$

由于符号相反，故有

$$\varepsilon' = -\mu\varepsilon$$

式中：μ 称为泊松比，又称横向变形系数，与 E 一样，也是材料固有的弹性常数，且是一个没有量纲的量。常用材料的弹性模量和泊松比见表 5-1。

表 5-1

材料名称	$E(\text{GPa})$	μ
低碳钢	196~216	0.24~0.28
合金钢	186~216	0.25~0.30
灰铸铁	78~160	0.23~0.27
铜及其合金	72~128	0.31~0.42
铝合金	0.0078	0.47

例 5-6　一阶梯钢杆如图 5-9 所示，已知 AC 段的截面面积为 $A_{AC} = 500\text{mm}^2$，CD 段的截面面积为 $A_{CD} = 200\text{mm}^2$，杆的受力情况为 $F_1 = 30\text{kN}$，$F_2 = 10\text{kN}$，各段长度如图所示，材料的弹性模量为 $E = 200\text{GPa}$，试求杆的总变形量。

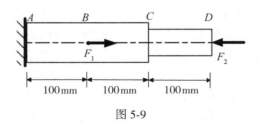

图 5-9

解：(1)作轴力图。

利用截面法，取截面的右边为研究对象，则各段的轴力计算如下：

$$F_{AB} = F_1 - F_2 = 20\text{kN}$$

$$F_{NBC} = F_{NCD} = -10\text{kN}$$

作轴力图如图 5-10 所示。

(2)计算各段的变形。

AB 段：

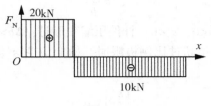

图 5-10

$$\Delta l_{AB} = \frac{F_{NAB}l}{EA} = \frac{20 \times 100}{200 \times 500} = 0.02 \text{mm}$$

BC 段：

$$\Delta l_{BC} = \frac{F_{NBC}l}{EA} = \frac{-10 \times 100}{200 \times 500} = -0.01 \text{mm}$$

CD 段：

$$\Delta l_{CD} = \frac{F_{NCD}l}{EA} = \frac{-10 \times 100}{200 \times 200} = -0.025 \text{mm}$$

（3）计算总的变形：

$$\Delta = \Delta l_{AB} + \Delta l_{BC} + \Delta l_{CD} = -0.015 \text{mm}$$

计算结果为负，说明整个杆件是缩短了。

在解题目过程中，一是要注意当在长度 l 内，如果 A、F_N、E 有不同的话，应该分段考虑。二是注意单位问题，在讲应力的单位时，即当力和长度的单位分别取 kN、mm 时，弹性模量的单位对应是 GPa。

5.4　轴向拉伸和压缩时材料的力学性能

材料的力学性能是指材料在外力作用下其强度和变形等方面表现出来的性质，它是构件强度计算及材料选用的重要依据。材料的力学性能可由试验来测定。

材料在拉伸时的力学性能主要通过拉伸试验得到。为了便于对试验结果进行比较，国家标准《金属拉伸试验方法》（GB228.1—2010）规定：试件必须做成标准尺寸，称为比例试件。一般金属材料采用圆截面或矩形截面比例试件（图 5-11）。试验时在试件等直部分的中部取长度为 l 的一段作为测量变形的工作段，其长度 l 称为标距。对于圆截面试件，通常将标距 l 与横截面直径 d 的比例规定为

$$l = 10d \text{ 或 } l = 5d$$

前者称为长试件，后者称为短试件。对于矩形截面试件，其标距与横截面面积 A 的比例规定为

$$l = 11.3\sqrt{A} \text{ 或 } l = 5.63\sqrt{A}$$

材料的拉伸试验通常在万能试验机上进行。万能试验机由三个部分组成，即加力部分、测力部分和自动绘图装置。试验时，将试件安装在试验机的夹具中，然后开动试验机，试件受到缓慢增加的拉力，直到拉断为止。试验过程中试件受到的拉力 F 可由试验

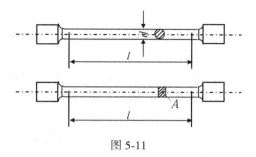

图 5-11

机的示力盘读出，而工作段的伸长量 Δl 则可由变形仪表测出，同时自动绘图装置还可自动绘出 $F\text{-}\Delta l$ 曲线，称为材料的拉伸图。

下面介绍几种典型材料的拉伸试验结果。

5.4.1 低碳钢拉伸时的力学性能

低碳钢是工程中广泛应用的金属材料，其拉伸时的力学性能最为典型，下面详细进行介绍。

低碳钢的拉伸图（$F\text{-}\Delta l$ 曲线）如图 5-12（a）所示。为了消除试件尺寸的影响，将拉力 F 除以试件横截面的原始面积 A，得到横截面上的正应力 $\sigma = \dfrac{F}{A}$；同时，将伸长量 Δl 除以标距 l，得到线应变 $\varepsilon = \dfrac{\Delta l}{l}$。以 σ 为纵坐标，ε 为横坐标，绘出与拉伸图相似的 $\sigma\text{-}\varepsilon$ 曲线，如图 5-12（b）所示。此曲线称为应力-应变曲线。

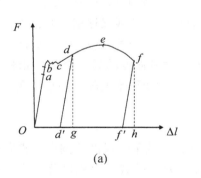

(a)

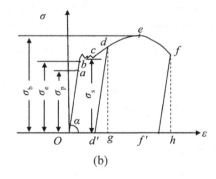

(b)

图 5-12

根据试验结果（图 5-12（b）），低碳钢的力学性能大致如下：

1. 弹性阶段

弹性阶段可分为两段：直线段 Oa 和微弯段 ab。直线段 Oa 表示应力 σ 与应变 ε 成正比关系，故称 Oa 段为比例阶段或线弹性阶段。a 点所对应的应力值称为材料的比例极限，用 σ_p 表示。σ_p 是材料服从胡克定律的最大应力。即当 $\sigma \leqslant \sigma_p$ 时，$\sigma = E\varepsilon$。其中，弹性模量

E 等于直线段 Oa 的斜率，即 $E = \tan\alpha$。低碳钢 Q235 的比例极限 $\sigma_p \approx 200\text{MPa}$，弹性模量 $E \approx 200\text{GPa}$。

过了 a 点后，图线 ab 微弯而偏离直线 Oa，表示 σ 与 ε 不再成正比例关系，将 ab 曲线段称为非线弹性阶段。只要不超过 b 点，在卸去载荷后，试件的变形能够完全消除，这说明试件的变形是弹性变形，故 Ob 段称为弹性阶段。b 点所对应的应力值称为弹性极限，用 σ_e 表示。在 $\sigma\text{-}\varepsilon$ 曲线上，a、b 两点非常接近，所以工程上对 a、b 两点并不严格区分。

2. 屈服阶段

超过弹性极限后，$\sigma\text{-}\varepsilon$ 曲线上的 bc 段呈接近水平线的小锯齿形阶段。这时应力几乎不增加，而变形却迅速增加，材料暂时失去了抵抗变形的能力，这种现象称为屈服或流动。bc 段称为屈服阶段。使材料发生屈服的应力，称为材料的屈服应力或屈服极限（也称为屈服点），用 σ_s 表示。低碳钢 Q235 的屈服应力 $\sigma_s \approx 235\text{MPa}$。如果试件表面光滑，则当材料屈服时，在试件表面可观察到与轴线约成 45° 角的倾斜条纹（图 5-13），称为滑移线。这是因为在试件的 45° 斜面上，作用有最大切应力 τ_{max}，当 τ_{max} 达到某一极限值时，由于金属材料内部晶格之间产生相对滑移而形成了滑移线。材料屈服表现为显著的塑性变形，而工程中的大多数构件一旦出现显著的塑性变形，将不能正常工作（或称失效）。所以屈服应力 σ_s 是衡量材料失效与否的强度指标。

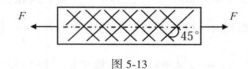

图 5-13

3. 强化阶段

经过屈服阶段后，材料又恢复了抵抗变形的能力，要使试件继续变形必须再增加载荷。这种现象称为材料的强化或称为应变硬化。这时 $\sigma\text{-}\varepsilon$ 曲线又逐渐上升，直到曲线的最高点 e。所以 ce 段称为材料的强化阶段或硬化阶段。e 点所对应的应力 σ_b 是材料所能承受的最大应力，称为强度极限或抗拉强度，它是衡量材料强度的另一个重要指标。低碳钢 Q235 的强度极限 $\sigma_b \approx 380\text{MPa}$。在强化阶段中，试件的变形绝大部分是塑性变形，此时试件的横向尺寸有明显的缩小。

4. 颈缩阶段

在 e 点之前试件产生匀布变形。过 e 点后，在试件的某一局部范围内，横向尺寸突然急剧缩小，形成颈缩现象（图 5-14）。由于试件颈缩处的横截面面积显著减小，载荷读数开始下降，在 $\sigma\text{-}\varepsilon$ 曲线中应力随之下降，直至 f 点试件断裂。ef 阶段称为颈缩阶段。

在拉伸过程中，由于试件的横向尺寸不断缩小，所以在 $\sigma\text{-}\varepsilon$ 曲线中按试件原始面积求出的应力 $\sigma = F/A$，实质上是名义应力（或为工程应力）。相应地，按试件工作段的原始长度求出的线应变 $\varepsilon = \dfrac{\Delta l}{l}$，实质上是名义应变（或为工程应变）。对于解决弹性范围内的实际问题，按试件原始尺寸得到的名义 $\sigma\text{-}\varepsilon$ 曲线所提供的数据足以满足工程实际的需要。

试件拉断后，弹性变形消失，塑性变形 Of' 则保留下来。工程上用试件拉断后保留的

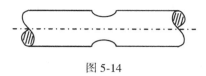

图 5-14

变形来表示材料的塑性性能。衡量材料的塑性指标有两个：一个是延伸率(也称伸长率)，用 δ 表示；另一个是断面收缩率(也称截面缩减率)，用 ψ 表示。它们的计算公式分别为

$$\delta = \frac{l_1 - l}{l} \times 100\%$$

$$\psi = \frac{A - A_1}{A} \times 100\%$$

式中：l_1 为试件拉断后工作段的长度，l 为试件标距原长；A_1 为试件拉断后颈缩处的最小横截面面积，A 为试件原始横截面面积。

延伸率 δ 越大，表明材料的塑性性能越好。工程上通常按延伸率的大小把材料分为两大类：$\delta > 5\%$ 的材料称为塑性材料或韧性材料，如碳钢、黄铜、铝合金等；而把 $\delta < 5\%$ 的材料称为脆性材料，如铸铁、砖石、玻璃、陶瓷等。低碳钢 Q235 的延伸率 $\delta = 20\% \sim 30\%$，这说明低碳钢是一种塑性性能很好的材料。

断面收缩率 ψ 也是衡量材料塑性性能的重要指标，ψ 越大，材料的塑性性能越好。低碳钢 Q235 的断面收缩率 $\psi \approx 60\%$。

5. 卸载定律及冷作硬化

如果试件拉伸到强化阶段的任一点 d 处(图 5-12(b))，然后逐渐卸除载荷，则应力和应变关系将沿着与直线段 Oa 几乎平行的直线段 dd' 下降到 d' 点。这说明在卸载过程中，应力和应变按直线规律变化，这就是卸载定律。若用 $\Delta\sigma$ 表示卸载时的应力增量，用 $\Delta\varepsilon$ 表示卸载时的应变增量，则有 $\Delta\sigma = E\Delta\varepsilon$。如果卸载后不久又重新加载，应力-应变关系基本上沿着卸载时的同一直线 dd' 上升到 d 点，然后沿着原来的 σ-ε 曲线 def 直到断裂。可见，在重新加载过程，材料的比例极限得到了提高，而塑性变形却减小了，这种现象称为冷作硬化。冷作硬化经过退火后又可消除。

在工程中，经常利用冷作硬化来提高钢筋和钢缆绳等构件在线弹性范围内所能承受的最大载荷。值得注意的是，若试件拉伸至强化阶段后卸载，经过一段时间后再受拉，则其线弹性范围内的最大载荷还有所提高，如图 5-15 中虚线 bb' 所示。这种现象称为冷作时效。冷作时效不仅与卸载后至加载的时间间隔有关，而且与试件所处的温度有关。

5.4.2　其他材料拉伸时的力学性能

其他材料拉伸时的力学性能也可用拉伸时的 σ-ε 曲线来表示。图 5-16 中给出了另外几种典型的金属材料在拉伸时的 σ-ε 曲线。可以看出，其中 16Mn 钢与低碳钢的 σ-ε 曲线相似，有完整的弹性阶段、屈服阶段、强化阶段和局部变形阶段。但工程中大部分金属材料都没有明显的屈服阶段，如黄铜、合金铝等。它们的共同特点是延伸率 δ 均较大，都属于塑性材料。

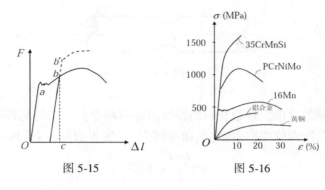

图 5-15　　　　　　　　图 5-16

对于没有屈服阶段的塑性材料，通常将对应于塑性应变为 $\varepsilon_p = 0.2\%$ 时的应力值作为屈服极限，称为材料的名义屈服极限（或名义屈服点），常用 $\sigma_{0.2}$ 表示（图 5-17）。

对于脆性材料，如铸铁、陶瓷、混凝土等，材料从受拉到断裂，变形都很小，没有屈服阶段和颈缩现象，延伸率很小。

灰铸铁拉伸时的 σ-ε 曲线如图 5-18 所示。由于灰铸铁的 σ-ε 曲线没有明显的直线部分，且拉断时试件变形很小，因此，在工程计算中，通常规定某一总应变时 σ-ε 曲线的割线来代替此曲线在开始部分的直线，从而确定其弹性模量，并称之为割线弹性模量。同时，认为材料在这范围内近似地服从胡克定律。

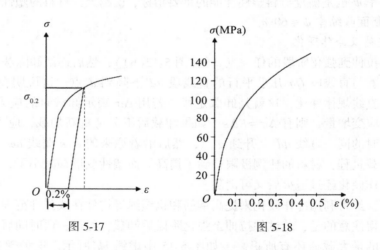

图 5-17　　　　　　　　图 5-18

衡量脆性材料强度的唯一指标是材料的抗拉强度 σ_b。铸铁等脆性材料的抗拉强度很低，所以不宜作为抗拉构件的材料。

5.4.3　材料压缩时的力学性能

材料压缩时的力学性能由压缩试验测定。压缩试件常采用圆柱体和立方体两种。金属材料一般采用粗短圆柱体试件，其高度为直径的 1.5~3.0 倍，以防止试件试验时被压弯。非金属材料（如混凝土、石料等）的试件则常做成立方块。

低碳钢压缩时的 σ-ε 曲线如图 5-19 所示。试验表明，低碳钢压缩时的比例极限 σ_p、

屈服极限 σ_s 和弹性模量 E 均与拉伸时基本相同。但进入强化阶段以后，试件越压越扁。横截面面积不断增大，试件的抗压能力也不断增大，曲线不断上升，试件最后被压成薄饼形状，不发生破坏，因而得不到压缩时的强度极限。

其他塑性材料在压缩时的情况也都和低碳钢的相似。因此，工程中常认为塑性材料在拉伸与压缩时的力学性能是相同的，一般以拉伸试验所测得的力学性能为依据。

铸铁压缩时的 σ-ε 曲线如图 5-20 所示。可见，铸铁压缩时无论强度极限 σ_b 还是延伸率 δ 都比拉伸时要大得多；其 σ-ε 曲线的直线部分很短，只能认为是近似地符合胡克定律的；铸铁压缩破坏时，其断裂面与轴线大致成 45°～55° 的倾角，说明主要是因最大切应力 τ_{max} 作用而破坏。

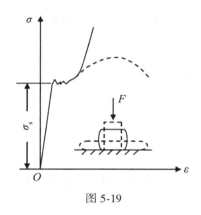

图 5-19

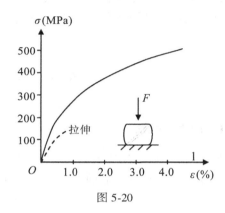

图 5-20

其他脆性材料，如混凝土、石料等，压缩时的强度极限也远大于拉伸时的强度极限，所以工程上常用脆性材料制成受压构件。

综上所述，塑性材料与脆性材料的力学性能主要有以下的区别：

（1）塑性材料在断裂前有较大的塑性变形，其塑性指标（δ 和 ψ）较高；而脆性材料的变形较小，塑性指标较低，这是它们的基本区别。

（2）脆性材料的抗压能力远比抗拉能力强，且其价格便宜，适宜于制作受压构件；塑性材料的抗压与抗拉能力相近，适宜于制作受拉构件。

（3）塑性材料和脆性材料对应力集中的敏感程度是不相同的。对于脆性材料构件，当应力集中处的最大应力达到强度极限 σ_b 时，就会出现裂纹，而裂纹尖端又会引起更严重的应力集中，使构件由于裂纹的迅速扩展而断裂。而对于塑性材料构件，当应力集中处的最大应力达到屈服极限 σ_s 时，该处材料的变形可以继续增长，而应力却不再增大。如果外力继续增加，则增加的力将由截面上尚未屈服的材料来承担，使截面上的应力逐渐趋于均匀分布，直到整个截面上的应力都达到 σ_s，构件才会破坏。因此，应力集中现象对于脆性材料的危害要比塑性材料严重得多。对于一般的塑性材料，在静载荷作用下可以不考虑应力集中的影响。至于灰铸铁，其内部的不均匀性和缺陷往往是产生应力集中的主要因素，而构件外形和尺寸改变所引起的应力集中就可能成为次要因素，因此，对于灰铸铁就可以不考虑应力集中的影响。

上面关于塑性材料和脆性材料的划分只是指常温、静载时的情况。实际上，同一种材料在不同的外界因素影响下，可能表现为塑性，也可能表现为脆性。例如，低碳钢在低温时也会变得很脆。因此，如果说材料处于塑性或脆性状态，就更确切些。

最后还应指出，处于高温下的构件，当承受的应力超过某一定值(低于材料的 σ_s)时，其变形随着时间的增加而不断增大，这种现象称为蠕变。例如用低碳钢制成的高温(300℃以上)高压蒸汽管道，由于蠕变的作用管径不断增加，管壁逐渐变薄，有时可能导致管壁破裂。蠕变变形是塑性变形。

高温下工作的构件，在发生弹性变形后，如保持其变形总量不变，则构件内将保持一定的预紧力。随着时间的增长，因蠕变而逐渐发展的塑性变形将逐步地代替原有的弹性变形，从而使构件内的预紧力逐渐降低，这种现象称为松弛。例如拧紧的螺栓隔段时间后需重新拧紧，就是由于发生了松弛的缘故。

对于处于高温高压下工作的构件，应当注意其发生的蠕变和松弛现象，以免造成不良后果。

5.5　本 章 小 结

5.5.1　应力的概念

内力集度(分布内力集中的程度)即应力。

总应力 p 分解为垂直于截面的法向分量 σ 和与截面相切的切向分量 τ ，相互关系为

$$p^2 = \sigma^2 + \tau^2$$

5.5.2　轴向拉(压)杆强度计算

(1)轴向拉(压)杆横截面上只有正应力 σ ，表示为

$$\sigma = \frac{F_N}{A}$$

(2)拉压杆的强度条件：

$$\sigma_{max} = \frac{F_{Nmax}}{A} \leqslant [\sigma]$$

可以解决以下三种类型的强度计算问题：①强度校核；②设计截面；③确定许用载荷。

5.5.3　轴向拉(压)杆的变形

1. 纵向变形与胡克定律

轴向拉压杆件纵向绝对变形：

$$\Delta l = l_1 - l$$

当 $\Delta l > 0$ 时，杆件是拉伸变形，当 $\Delta l < 0$ 时，杆件是压缩变形。

纵向线应变：

$$\varepsilon = \frac{\Delta l}{l}$$

拉伸时，$\varepsilon>0$，称为拉应变；压缩时，$\varepsilon<0$，称为压应变。

实验发现：当杆件的应力不超过某一限度时，杆件的轴向变形与杆件所受的外力 F_N 和杆长 l 成正比，而与杆件横截面积 A 成反比，即胡克定律：

$$\Delta l = \frac{F_N l}{EA}$$

胡克定律的另一种表达形式：

$$\sigma = E\varepsilon$$

2. 横向变形与泊松比

横向绝对变形为

$$\Delta b = b_1 - b$$

横向线应变为

$$\varepsilon' = \frac{\Delta b}{b}$$

杆件是拉伸变形时，$\Delta b<0$，$\varepsilon'<0$；杆件压缩变形时，$\Delta b>0$，$\varepsilon'>0$。

试验结果表明：当应力不超过比例极限时，横向应变 ε' 与轴向应变 ε 之比的绝对值是一个常数，即

$$\left|\frac{\varepsilon'}{\varepsilon}\right| = \mu$$

由于符号相反，故有

$$\varepsilon' = -\mu\varepsilon$$

式中：μ 称为泊松比，又称横向变形系数。

5.5.4　轴向拉伸和压缩时材料的力学性能

1. 低碳钢拉伸时的力学性能

低碳钢拉伸时的力学性能分为四个阶段：

(1)弹性阶段：比例极限，用 σ_p 表示，弹性极限，用 σ_e 表示；

(2)屈服阶段：屈服极限，用 σ_s 表示；

(3)强化阶段：强度极限或抗拉强度 σ_b；

(4)颈缩阶段。

试件拉断后，衡量材料塑性指标的延伸率 δ 和断面收缩率 ψ 的表达式分别为

$$\delta = \frac{l_1 - l}{l} \times 100\%$$

$$\psi = \frac{A - A_1}{A} \times 100\%$$

2. 其他材料拉伸时的力学性能

对于脆性材料，如铸铁、陶瓷、混凝土等，材料从受拉到断裂，变形都很小，没有屈服阶段和颈缩现象，延伸率很小。

第6章 剪切与挤压

【本章要求】明晰工程中实际存在的剪切和挤压力学行为，掌握构件剪切和挤压强度的校核问题。

【本章重点】剪切和挤压的区别；剪切和挤压强度校核问题。

6.1 剪　切

6.1.1 基本概念

1. 剪切变形

先以图 6-1 剪床上钢板受剪的情形为例，介绍剪切的概念。上、下两个刀刃以大小相等、方向相反的两个力作用于钢板上，迫使在截面左、右的两部分发生沿 $m—n$ 截面相对错动的变形，直到最后被剪断，这类似于生活中"剪"的概念。工程上把构件在大小相等、方向相反、作用线相距很近的一对平行力的作用下，沿着力的方向发生相对错动的变形，称为剪切变形。发生相对错动的截面称为剪切面。事实上，工程上很多零件受剪切作用，如销、键、铆钉、螺栓等（图 6-2、图 6-3）。剪床上钢板被"剪断"是剪床的工作目的，对联接件来说"剪断"是它们的破坏形式，但变形形式是一致的。

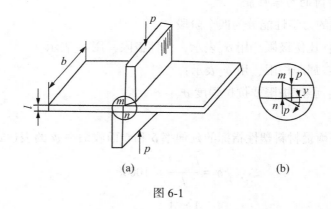

(a)　　　　　　　　　　　(b)

图 6-1

2. 剪力

研究剪切的内力时，以剪切面将受剪构件分成两部分，并以其中一部分为研究对象，如图 6-4 所示。$m—n$ 截面上的内力 Q 与截面相切称为剪切力，简称剪力。由平衡方程容易求得

108

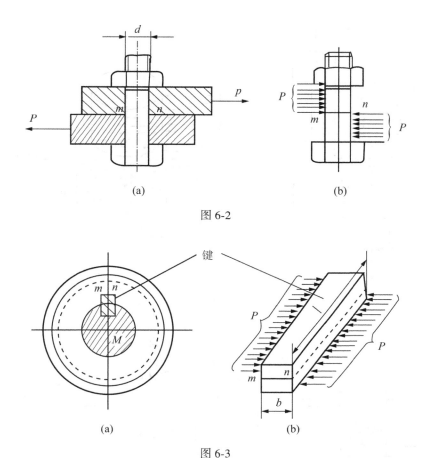

图 6-2

图 6-3

$$Q = P$$

工程力学中规定，剪力 Q 对研究的脱离体内任一点的力矩是顺时针转向者为正，逆时针转向为负。这与前面轴力问题类似，我们无论以上半部分脱离体还是下半部分脱离体计算，剪力 Q 的正负应该是一致的。

3. 剪应力

在构件的剪切面上，平行于剪切面的应力称为剪应力或切应力。剪应力的实际分布情况比较复杂，在实用计算中，假设在剪切面上剪应力是均匀分布的。若以 A 表示剪切面面积，则剪应力

$$\tau = \frac{Q}{A} \tag{6-1}$$

由式(6-1)算出的只是剪切面上的平均剪应力，是一个名义剪应力。剪应力的单位与应力一样，为 Pa，常用 MPa。

4. 剪应变

为分析物体受剪力作用后的变形情况，我们从剪切面上取一个直角六面体分析。如图 6-5 所示，在剪力的作用下，相互垂直的两平面夹角发生了变化，即不再保持直角，则此

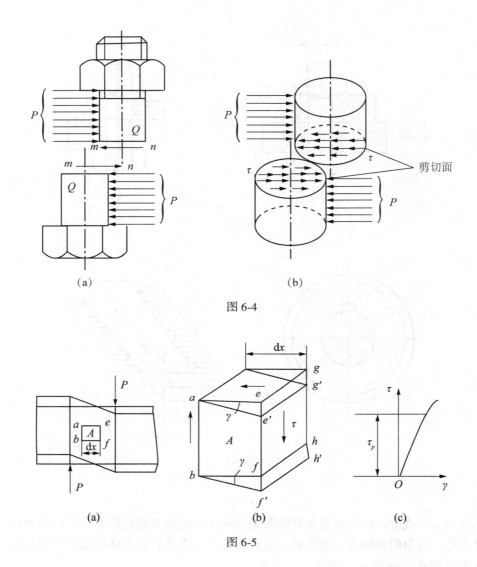

图 6-4

图 6-5

角度的改变量 γ ，称为剪应变，又称切应变。它是对剪切变形的一个度量标准，通常用弧度（rad）来度量。在小变形情况下，γ 可用 $\tan\gamma$ 来近似，即

$$\gamma = \tan\gamma = \frac{ee'}{ae}$$

这一近似处理是材料力学小变形假设的具体体现，以后的许多公式都是以此为前提推导的，在以后的实践中切不可盲目套用公式，而忘了小变形假设的前提。

5. 剪应力互等定理

在受力物体中，我们可以围绕任意一点，用六个相互垂直的平面截取一个边长为 $\mathrm{d}x$、$\mathrm{d}y$、$\mathrm{d}z$ 的微小正六面体，作为研究的单元体（图 6-6）。在单元体中的相互垂直的两个平面上，剪应力（绝对值）的大小相等，它们的方向不是共同指向这两个平面的交线，就是共同背离这两个平面的交线，即

$$\tau = \tau' \ (\text{证明略})$$

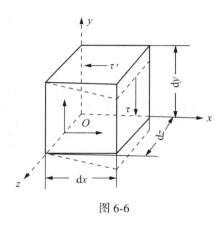

图 6-6

6. 剪切胡克定律

实验证明，当剪应力不超过材料的剪切比例极限 τ_p 时，剪应力 τ 与剪应变 γ 成正比例，这就是剪切胡克定律，可以写为

$$\tau = G\gamma \tag{6-2}$$

式中：比例常数 G 称为材料的剪切弹性模量，它的常用单位是 GPa。钢的剪切弹性模量 G 值约为 80GPa。对各向同性材料，G 值也可由下式得出

$$G = \frac{E}{2(1 + \mu)} \tag{6-3}$$

6.1.2　剪切强度条件

剪切强度条件就是使构件的实际剪应力不超过材料的许用剪应力。

$$\tau = \frac{Q}{A} \leqslant [\tau] \tag{6-4}$$

式中：$[\tau]$ 为许用剪应力，单位为 Pa 或 MPa。

由于剪应力并非均匀分布，由式(6-1)算出的只是剪切面上的平均剪应力，所以在用实验的方式建立强度条件时，应使试样受力尽可能地接近实际联接件的情况，以确定试样失效时的极限应力 τ_0，再除以安全系数 n，得许用剪应力 $[\tau]$。

$$[\tau] = \frac{\tau_0}{n} \tag{6-5}$$

各种材料的剪切许用应力应尽量从有关规范中查取。

一般来说，材料的剪切许用应力 $[\tau]$ 与材料的许用拉应力 $[\sigma]$ 有如下关系：

(1)对塑性材料，$[\tau] = 0.6 \sim 0.8[\sigma]$；

(2)对脆性材料，$[\tau] = 0.8 \sim 1.0[\sigma]$。

6.1.3　剪切的实用计算

剪切计算相应地也可分为强度校核、截面设计、确定许可载荷等三类问题，这里就不

展开论述了。但在剪切计算中要正确判断剪切面积，在铆钉联接中要正确判断单剪切和双剪切。仅有一个剪切面的称为单剪切，如图 6-7(a) 所示，具有两个剪切面的称为双剪切，如图 6-7(b) 所示。一般在联接中，搭接的联接件为单剪切，对接的联接件是单盖板时为单剪切，对接的联接件是双盖板时为双剪切。

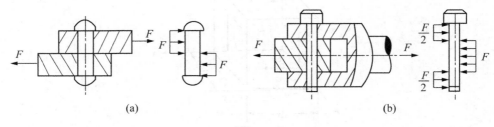

(a)   (b)

图 6-7

例 6-1　已知 $P = 100$kN，销钉直径 $d = 30$mm，材料的许用剪应力 $[\tau] = 60$MPa，结构如图 6-8 所示，试校核销钉的剪切强度，如强度不够，应改用多大直径的销钉？

解： 销钉上有两个剪切面，每一个剪切面所承受的剪力为

$$Q = \frac{P}{2}$$

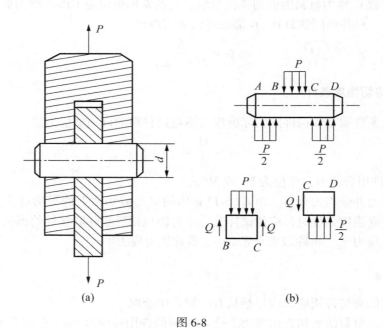

(a)   (b)

图 6-8

设销钉的横截面积为 A，则销钉剪切面上的剪应力为

$$\tau = \frac{Q}{A} = \frac{P}{2A} = \frac{100 \times 1000}{2 \times \frac{\pi}{4} \times 0.03^2}$$

$$= 70.7(\mathrm{MPa}) > [\tau] = 60(\mathrm{MPa})$$

因此该销钉剪切强度不够，欲满足强度要求，应有

$$\tau \leqslant [\tau]$$

$$\tau = \frac{Q}{A} = \frac{P}{2A} = \frac{100 \times 1000}{2 \times \dfrac{\pi}{4} \times d^2} \leqslant [\tau]$$

$$d \geqslant \sqrt{\frac{2p}{\pi[\tau]}}$$

$$d \geqslant \sqrt{\frac{2 \times 100 \times 1000}{\pi \times 60 \times 10^6}} = 0.0326 = 32.6(\mathrm{mm})$$

取 $d = 33\mathrm{mm}$，即改用直径为 33mm 的销钉。

剪切强度计算中还有另一类问题，如落料、冲孔、保险销等，实际中要求构件切断，要求这些构件的剪应力必须超过材料的极限剪应力，即

$$\tau = \frac{Q}{A} \geqslant \tau_b$$

τ_b 为材料的剪切强度极限。

例 6-2 如图 6-9 所示为一冲孔装置，冲头的直径 $d = 20\mathrm{mm}$，当冲击力 $P = 100\mathrm{kN}$ 时，欲将剪切强度极限 $\tau_b = 300\mathrm{MPa}$ 钢板冲出一圆孔。试问该钢板的最大厚度 t 为多少？

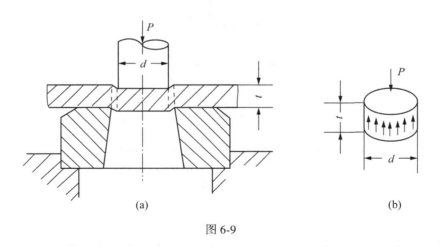

(a)　　　　　　　　　　　　(b)

图 6-9

解： 首先本例中剪力 Q 等于冲击力 P。然后确定剪切面积。冲孔、落料一类问题的剪切面比较复杂，通常不是平面图形。本例冲孔时的受剪面为直径 $d = 20\mathrm{mm}$、高度为 t（钢板厚度）的圆柱体侧面（即圆柱面），所以受剪面积为

$$A_{剪} = \pi d \times t$$

代入公式 $\tau = \dfrac{Q}{A} \geqslant \tau_b$ 就可求得钢板的最大厚度

$$t \leqslant \frac{P}{\pi d \tau_b} = \frac{100 \times 10^3}{\pi \times 20 \times 10^{-3} \times 300 \times 10^6} = 5.3 \times 10^{-3}(\mathrm{m}) = 5.3(\mathrm{mm})$$

6.2 挤 压

6.2.1 挤压的基本概念

1. 挤压变形

在螺栓联接的计算中，螺栓除了可能被剪断，还可能被压扁。钢板的螺栓孔也会被压成局部塑性变形而拉长。如图 6-10 所示，在外力作用下，联接件和被联件之间，在接触面上相互压紧，这种现象称为挤压。相互压紧的接触面称为挤压面。挤压与压缩不同，挤压发生在构件相互接触的局部面积上，在接触面的局部区域会产生较大的接触应力。

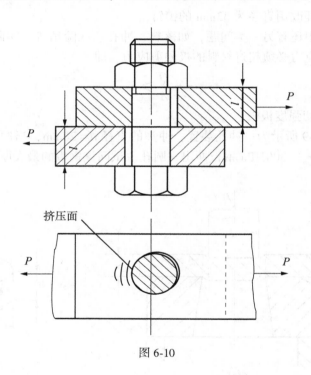

挤压面

图 6-10

2. 挤压应力

挤压面上的应力称为挤压应力。在挤压面上，应力分布一般比较复杂。在实用计算中，假设在挤压面上应力均匀分布。以 P_{bs} 表示挤压面上传递的力，A_{bs} 表示挤压面积，于是挤压应力为

$$\sigma_{bs} = \frac{P_{bs}}{A_{bs}} \qquad (6\text{-}6)$$

3. 挤压面积

当联接件之间的接触面为平面时，式(6-6)中 A_{bs} 的就是接触面的面积。当接触面为圆柱面时(如销钉、铆钉等钉与孔间的接触面)，挤压应力的分布情况十分复杂，最大应力在圆柱面的中点，在实用计算中，以圆孔或圆柱的直径平面面积为计算面积(即图 6-11

（d）中阴影线的面积）。

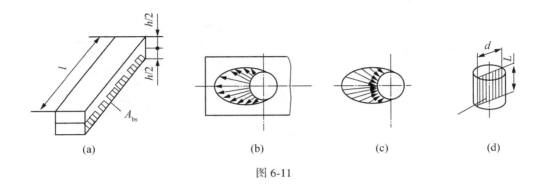

图 6-11

6.2.2　挤压强度条件

工程上除了要进行剪切强度计算外，还要进行挤压强度计算。挤压强度条件的计算公式为

$$\sigma_{bs} = \frac{P_{bs}}{A_{bs}} \leqslant [\sigma_{bs}]$$

式中：$[\sigma_{bs}]$ 为材料的许用挤压应力，其值可查有关的设计手册而得。对于钢材许用挤压应力一般可按下式计算：

$$[\sigma_{bs}] = 1.7 \sim 2.0 [\sigma_c]$$

$[\sigma_c]$ 为材料的许用压应力。上式说明钢材的许用挤压应力远远超过许用压应力，这进一步证明挤压和压缩是两个不同的概念。值得注意的是：由于挤压是两个构件之间的作用，当两个构件材料不同时，$[\sigma_{bs}]$ 应取两者中的低值。

6.2.3　挤压的实用计算

例 6-3　一带轮用平键联接在轴上，如图 6-12（a）所示。已知键的尺寸 $b = 20mm$，$h = 12mm$，$l = 80mm$，材料的许用剪应力 $[\tau] = 60MPa$，许用挤压应力 $[\sigma_{bs}] = 120MPa$。带轮的许用挤压应力 $[\sigma_{bs}] = 100MPa$，轴的直径 $d = 80mm$。键联接传递的转矩 $m = 1600N \cdot m$。试校核键联接的强度。

解：（1）求作用于键上的外力 P。

取键和轴一起为研究对象，由平衡方程

$$\sum m = 0 : m - p\frac{d}{2} = 0$$

得

$$P = \frac{2m}{d} = \frac{2 \times 1600}{80 \times 10^{-3}} = 40 \times 10^3 (N)$$

（2）校核键的剪切强度。

取键为研究对象，其受力如图 6-12（b）、图 6-12（c）所示。显然键的剖分平面为剪切

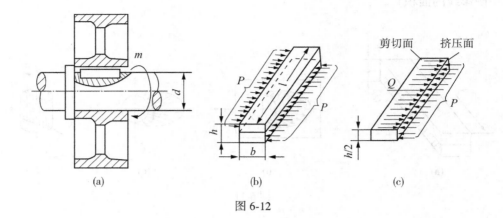

图 6-12

面，其面积 $A = bl$，剪切面的剪力 $Q = P$，于是，剪应力为

$$\tau = \frac{Q}{A} = \frac{P}{bl} = \frac{40 \times 10^3}{20 \times 80} = 25(\text{MPa}) < [\tau]$$

所以键的剪切强度足够。

（3）校核挤压强度。

由于带轮的许用挤压应力比较小，所以只要校核带轮的挤压强度即可。带轮键槽受到的挤压力及挤压面积与键的相同，由图 6-12（c）可知，挤压力 $P_{bs} = P$，挤压面面积 $A_{bs} = hl/2$。于是，由式（6-6）得挤压应力为

$$\sigma_{bs} = \frac{P_{bs}}{A_{bs}} = \frac{P}{\dfrac{hl}{2}} = \frac{40 \times 10^3}{6 \times 80} = 83.3(\text{MPa}) < [\sigma_{bs}]$$

带轮和键的挤压强度都足够，所以键联接的强度足够。

例 6-4 有一铆钉接头如图 6-13（a）所示，已知拉力 $P = 100\text{kN}$，铆钉直径 $d = 16\text{mm}$，钢板厚度 $t = 20\ \text{mm}$，$t_1 = 12\text{mm}$，铆钉和钢板的许用应力 $[\sigma] = 160\text{MPa}$，$[\tau] = 140\text{MPa}$，$[\sigma_{bs}] = 320\text{MPa}$，试确定铆钉的个数 n 及钢板的宽度 b。

解：（1）按剪切强度计算铆钉的个数。

由于铆钉左右对称，故可取一边进行分析。现取左半边。假设左半边需要 n_1 个铆钉，则每个铆钉的受力如图 6-13（b）所示，按剪切强度条件可得

$$\tau = \frac{\dfrac{P}{n_1}}{2 \times \dfrac{\pi}{4} \times d^2} \leqslant [\tau]$$

所以

$$n_1 \geqslant \frac{2P}{\pi d^2 [\tau]} = \frac{2 \times 100 \times 1000}{\pi \times 0.016^2 \times 140 \times 10^6} = 1.78$$

（2）校核挤压强度。

由于上下钢板厚度之和 $2t_1$ 大于中间钢板厚度 t，故只需校核中间钢板与铆钉之间的

挤压强度：

$$\sigma_{\mathrm{bs}} = \frac{P_{\mathrm{bs}}}{A_{\mathrm{bs}}} = \frac{P}{n_1 d t} = \frac{100 \times 1000}{2 \times 0.016 \times 0.02} = 156(\mathrm{MPa}) < [\sigma_{\mathrm{bs}}] = 320\mathrm{MPa}$$

所以挤压强度足够。

（3）计算钢板宽度 b。

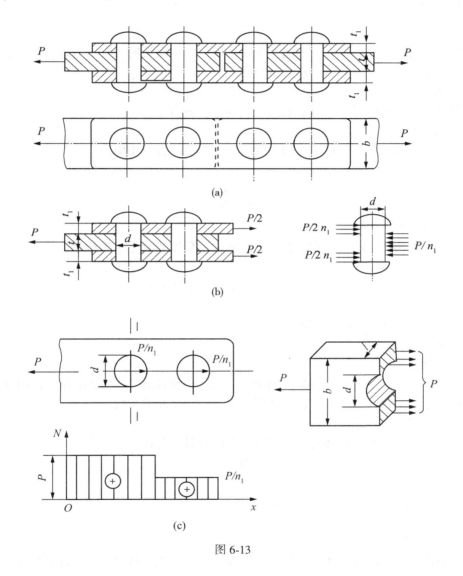

图 6-13

由图 6-13（c）所示的轴力图可知截面 1—1 为危险截面，由拉伸强度条件公式

$$\sigma = \frac{N}{A} = \frac{P}{(b-d)t} \leqslant [\sigma]$$

得

$$b \geqslant \frac{P}{t[\sigma]} + d = \frac{100 \times 1000}{0.02 \times 160 \times 10^6} + 0.016 = 0.047(\mathrm{m}) = 47.3(\mathrm{mm})$$

所以取钢板宽度 $b=48\text{mm}$。

<h2 style="text-align:center">6.3　本 章 小 结</h2>

6.3.1　剪切

1. 剪切变形

工程上把构件在大小相等、方向相反、作用线相距很近的一对平行力的作用下，沿着力的方向发生相对错动的变形，称为剪切变形。

2. 剪力（Q）

在剪切面上存在的平行于剪切面的力，称之为剪力 Q。

3. 剪应力（τ）

在构件的剪切面上，平行于剪切面的应力称为剪应力或切应力。

4. 剪应力计算

$$\tau = \frac{Q}{A}$$

5. 剪应变

构件由于剪切产生的变形称为剪应变，通常用角度的变化 γ 来衡量。

6. 剪应变的计算

$$\gamma = \tan\gamma \text{（小变形下条件下）}$$

或由 $\begin{cases} \tau = G\gamma \\ G = \dfrac{E}{2(1+\mu)} \end{cases}$ 联立求解。

7. 剪应变互等定理

在单元体中的相互垂直的两个平面上，剪应力（绝对值）的大小相等，它们的方向不是共同指向这两个平面的交线，就是共同背离这两个平面的交线。

8. 剪切强度条件

剪切强度条件就是使构件的实际剪应力不超过材料的许用剪应力。

$$\tau = \frac{Q}{A} \leqslant [\tau]$$

6.3.2　挤压

1. 挤压变形

在外力作用下，联接件和被联件之间，在接触面上相互压紧，这种现象称为挤压。

2. 挤压应力（σ_{bs}）

挤压面上的应力称为挤压应力。

3. 挤压强度条件

$$\sigma_{bs} = \frac{P_{bs}}{A_{bs}} \leqslant [\sigma_{bs}] \quad (A_{bs} \text{为挤压面积})$$

第7章 圆 轴 扭 转

【本章要求】掌握圆轴构件的应力计算和强度校核问题，并同时要求熟悉空心、实心轴的极惯性矩及抗扭截面模量结论。

【本章重点】圆轴扭转的强度和刚度校核问题；强度和刚度校核衍生的三类计算问题。

扭转是材料力学中的几种基本变形形式之一，在机械、电力、轻纺、冶金和化工等工程领域中常会遇到各种构件的扭转问题。前面章节介绍了圆轴扭转时的内力问题，本章着重介绍圆轴扭转的应力、应变和强度计算问题。学会运用扭转时的强度条件和刚度条件进行轴的强度与刚度计算等，在工程实践中具有重要意义。

7.1 圆轴扭转的应力与强度计算

7.1.1 圆轴扭转的应力公式

圆轴扭转的应力公式的推导过程比较复杂，应理解其中的基本原理，并能活学用，指导生产实践。下面从几何、物理和静力等三方面的关系来研究圆轴受扭时的应力。

1. 变形几何关系

为了观察圆轴的扭转变形，在圆轴表面上作圆周线和纵向线。在扭转力偶矩 M 的作用下，我们会发现：各圆周线绕轴线相对地旋转一个角度，但大小、形状和相邻圆周线间的距离不变。在小变形的情况下，纵向线仍近似是一条直线，只记倾斜了一个微小的角度。变形前表面上的方格在变形后成为菱形。

根据观察到的现象作下述基本假设：圆轴扭转变形前的横截面，变形后仍保持为平面，形状和大小不变，半径仍保持为直线，且相邻两横截面间的距离不变，这就是圆轴扭转的平面假设。按照这一假设，在扭转变形中，圆轴的横截面就像刚性平面一样，只是绕轴线旋转了一个角度。

在图 7-1（a）中，φ 表示两端截面的相对转角，称为扭转角，它由弧度来度量。用相邻的横截面 1—1 和 2—2 从轴中取出长为 $\mathrm{d}x$ 的微段，并放大为图 7-1（b）。若截面的相对转角为 $\mathrm{d}\varphi$，则根据平面假设，横截面 2—2 像刚性平面一样，相对于 1—1 绕轴线旋转了一个角度 $\mathrm{d}\varphi$，半径 oa 转到了 oa'。于是，表面方格 $abcd$ 的边相对于 cd 边发生微小的错动，错动的距离 $aa' = R\mathrm{d}\varphi$

因而引起原为直角的 $\angle adc$ 发生角度改变，改变量为：

$$\gamma = R\frac{\mathrm{d}\varphi}{\mathrm{d}x}$$

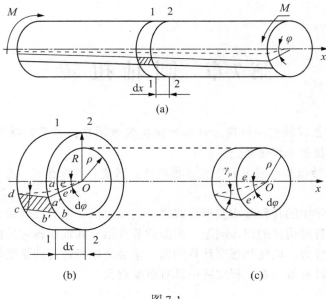

图 7-1

这就是圆截面边缘上 a 点的剪应变。显然, γ 发生在垂直于半径的平面内。

根据变形后横截面面仍为平面, 半径仍为直线的假设, 用相同的方法, 并参考图 7-1(c)可以求得距圆心为 ρ 处的剪应变

$$\gamma_\rho = \rho \frac{\mathrm{d}\varphi}{\mathrm{d}x} \tag{7-1}$$

式中: $\frac{\mathrm{d}\varphi}{\mathrm{d}x}$ 是扭转角 φ 沿轴的变化率。对一个给定的截面来说, 它为常量。式(7-1)表明, 横截面上任意点的剪应变与该点到圆心的距离 ρ 成正比。

2. 物理关系

以 τ_ρ 表示横截面上距圆心为 ρ 处的剪应力, 由剪切胡克定律知:

$$\tau_\rho = G\gamma_\rho$$

代入式(7-1), 得剪应力

$$\tau_\rho = G\rho \frac{\mathrm{d}\varphi}{\mathrm{d}x} \tag{7-2}$$

式(7-2)表明, 横截面任意点的剪应力 τ_ρ 与该点到圆心的距离 ρ 成正比。剪应力的分布如图 7-2(a)所示。

3. 静力关系

在横截面上按极坐标取微分面积 $\mathrm{d}A = \rho\mathrm{d}\theta\mathrm{d}\rho$ (图 7-2)。 $\mathrm{d}A$ 上的微内力对圆心的力矩为 $\rho\tau_\rho\mathrm{d}A$ 。积分得横截面上的内力系对圆心的力矩为

$$T = \int_A \rho\tau_\rho\mathrm{d}A$$

代入式(7-4), 得

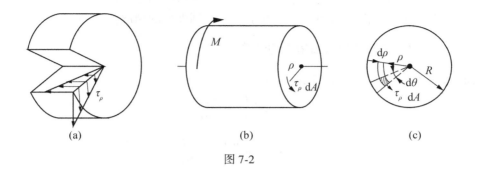

图 7-2

$$T = \int_A \rho G \rho \frac{\mathrm{d}\varphi}{\mathrm{d}x} \mathrm{d}A$$

因为在给定的截面上，$\dfrac{\mathrm{d}\varphi}{\mathrm{d}x}$ 为常量，所以

$$T = G \frac{\mathrm{d}\varphi}{\mathrm{d}x} \int_A \rho^2 \mathrm{d}A \tag{7-3}$$

取 $I_{\mathrm{p}} = \displaystyle\int_A \rho^2 \mathrm{d}A$，$I_{\mathrm{p}}$ 称为横截面对圆心 O 点的极惯性矩，其量纲为长度的 4 次方，这样式(7-3)便简化为

$$T = GI_{\mathrm{p}} \frac{\mathrm{d}\varphi}{\mathrm{d}x} \tag{7-4}$$

移项得

$$\frac{\mathrm{d}\varphi}{\mathrm{d}x} = \frac{T}{GI_{\mathrm{p}}}$$

代入式(7-2)，得

$$\tau_{\mathrm{p}} = G\rho \frac{\mathrm{d}\varphi}{\mathrm{d}x} = G\rho \frac{T}{GI_{\mathrm{p}}}$$

$$\tau_{\mathrm{p}} = \frac{T\rho}{I_{\mathrm{p}}} \tag{7-5}$$

上式为圆轴任一点处的应力公式。从公式中我们不难发现应力与该点到圆心的距离成正比。在截面边缘上 ρ 为域大值 R，得最大剪应力为：

$$\tau_{\max} = \frac{TR}{I_{\mathrm{p}}} \tag{7-6}$$

取 $W_{\mathrm{p}} = \dfrac{I_{\mathrm{p}}}{R}$，$W_{\mathrm{p}}$ 称为截面抗扭系数。

在工程上，最大应力一般按截面抗扭系数计算，有

$$\tau_{\max} = \frac{T}{W_{\mathrm{p}}} \tag{7-7}$$

值得注意的是：以上各式是以平面假设为基础的。实验证明，对于圆轴来说平面假设是正确的，所以这些公式适用于圆截面等直杆，对沿轴线圆截面变化缓慢的小锥度杆，也

可以近似地使用，对其他情况是否适用，应根据具体情况确定。此外，由于导出以上诸式时使用了胡克定律，因而只适用于应力低于剪切比例极限的情况。

7.1.2 极惯性矩及抗扭截面模量的计算

实心圆截面有极惯性矩(图 7-3 (a))：

$$I_p = \frac{\pi R^4}{2} = \frac{\pi D^4}{32} \qquad (7\text{-}8)$$

$$W_p = \frac{I_p}{R} = \frac{\pi R^3}{2} = \frac{\pi D^3}{16} \qquad (7\text{-}9)$$

在空心轴的情况下(图 7-3(b))，

$$I_p = \frac{\pi (D^4 - d^4)}{32}$$

式中：D 和 d 分别为空心圆截面的外径和内径。若取 $\alpha = \dfrac{d}{D}$ ，上式可改写为：

$$I_p = \frac{\pi (D^4 - d^4)}{32} = \frac{\pi D^4}{32}(1 - \alpha^4) \quad W_p = \frac{\pi D^3}{16}(1 - \alpha^4)$$

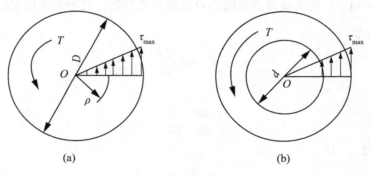

图 7-3

7.1.3 圆轴扭转时的强度计算

上一节我们已经取得了扭转时的应力计算公式，所以圆轴扭转强度条件为

$$\tau_{max} = \frac{TR}{I_p} \leqslant [\tau] \quad \text{或} \quad \tau_{max} = \frac{T}{W_p} \leqslant [\tau]$$

式中，$[\tau]$ 为许用剪应力，$[\tau]$ 可在有关设计手册中查阅。这里简要介绍一下许用剪应力 $[\tau]$ 的确定和扭转极限应力的测试方法。

扭转试验是用圆柱试件在扭转试验机上进行的。试件在外力偶作用下，发生扭转变形，直至破坏。试验结果表明，塑性材料(例如低碳钢)试件受扭时，当最大剪应力达到一定数值时，也会发生类似于拉伸时的屈服现象，这时剪应力值称为剪切屈服强度，用 τ_s 表示。屈服阶段后亦有强化阶段，最后沿横截面剪断，断口较光滑。脆性材料(例如铸铁)试件受扭时，当变形很小时便发生裂断，断口为与轴线夹 45°角的螺旋面，且呈颗粒状，这时的剪应力值称为剪切强度极限，用 τ_b 表示。

可见，圆轴受扭时由于材料的不同，将发生屈服和断裂两种形式的失效。所以塑性材料取屈服强度作为极限应力，即 $\tau_0 = \tau_s$；脆性材料取强度极限作为极限应力，即 $\tau_0 = \tau_b$。在实际工程中，因为受力情况比较复杂，应考虑适当的安全系数后确定合适的许用剪应力 $[\tau]$。

应用圆轴的强度条件可解决圆轴扭转时的三类强度计算问题：

(1)扭转强度校核。

已知轴的横截面尺寸、轴受的外力偶矩和材料的许用剪应力，校核强度条件是否得到满足，直接应用式 $\tau_{max} = \dfrac{TR}{I_p} \leqslant [\tau]$ 计算。

(2)圆轴截面尺寸设计。

已知轴受的外力偶矩和材料的需用剪应力，应用强度条件确定圆轴的截面尺寸。

(3)确定圆轴的许用载荷。

已知圆轴的截面尺寸和许用剪应力，由强度条件确定圆轴所能承受的许用载荷。

下面举例说明。

例 7-1 发电量为 15000kW 的水轮机主轴如图 7-4 所示。主轴为空心轴，$D = 550$mm，$d = 300$mm，正常转速时 $n = 250$r/min。材料的许用剪应力 $[\tau] = 50$MPa。试校核水轮机主轴的强度。

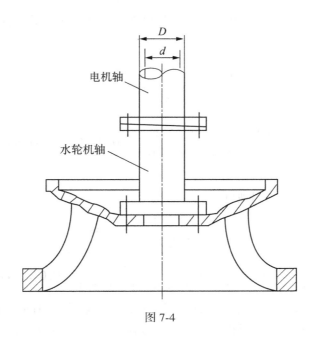

图 7-4

解： 水轮机主轴只传递一对外力偶矩，所以扭矩等于外力偶矩，有

$$T = M = 9549 \times \frac{15000}{250} = 572940 (\text{N} \cdot \text{m})$$

根据式(7-8)，横截面上的最大剪应力为

$$\tau_{max} = \frac{T\frac{D}{2}}{I_p} = \frac{572940 \times \frac{0.55}{2}}{\frac{\pi}{32}(0.55^4 - 0.3^4)}Pa = 19.2(MPa) < [\tau] = 50(MPa)$$

例 7-2 实心圆轴和空心圆轴通过牙嵌离合器联接，如图 7-5 所示。已知轴的转速 $n = 1000r/min$，传递的功率 $P = 75kW$，材料的许用剪应力 $[\tau] = 40MPa$，空心轴的内外径比为 $1/2$，请确定两端轴径 d_1 和 D_2。

解：（1）离合器两端所传递的外力偶矩相同，轴所传递的扭矩等于外力偶矩。

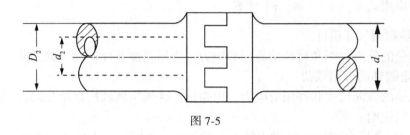

图 7-5

$$T = M = 9549\frac{p}{n} = 9549 \times \frac{75}{1000} = 716(N \cdot m)$$

（2）求实心轴直径 d_1，根据扭转强度条件可知实心轴截面上最大剪应力应小于许用剪应力 $[\tau]$，有

$$\tau_{max} = \frac{T}{W_p} = \frac{16T}{\pi d_1^3} \leqslant [\tau]$$

所以

$$d_1 \geqslant \sqrt[3]{\frac{16T}{\pi[\tau]}} = \sqrt[3]{\frac{16 \times 716}{\pi \times 40 \times 10^6}} = 0.045(m) = 45(mm)$$

即取 d_1 为 45mm。

（3）求空隙轴直径 D_2，同理可得

$$\tau_{max} = \frac{T}{W_p} = \frac{16T}{\pi D_2^3(1 - \alpha^4)} \leqslant [\tau]$$

$$D_2 \geqslant \sqrt[3]{\frac{16T}{\pi[\tau](1 - \alpha^4)}} = \sqrt[3]{\frac{16 \times 716}{\pi \times 40 \times 10^6(1 - 0.5^4)}} = 0.046(m) = 46(mm)$$

从本例的计算结果不难发现，空心轴直径只比实心轴大了 1mm，内部以半径计挖空了一半，抗扭强度却相等。这是由于应力分布规律 $\tau_\rho \propto \rho$，所以轴心附近处的应力很小，对实心轴而言，轴心附近的材料没有很好的发挥作用，材料并未得到充分利用。空心轴横截面面积分布比实心轴横截面面积远离轴线，使材料得到了充分利用，所以利用空心轴可以有效减轻自重，节省材料，并可保证构件强度。因此空心轴在工程上广为利用，例如飞机、轮船、汽车的轴常采用空心轴取 D_2 为 46mm。

7.2 圆轴扭转时的变形与刚度

7.2.1 圆轴扭转时的变形计算

在圆轴应力计算的推导过程中我们有如下结论：

$$\frac{\mathrm{d}\varphi}{\mathrm{d}x} = \frac{T}{GI_\mathrm{p}}$$

移项得

$$\mathrm{d}\varphi = \frac{T}{GI_\mathrm{p}}\mathrm{d}x \tag{7-10}$$

上式表明相距为 $\mathrm{d}x$ 的两个横截面之间的相对转角为 $\mathrm{d}\varphi$，沿轴线进行积分，即可求得距离为 l 的两个横截面之间的相对转角为

$$\varphi = \int_0^l \frac{T}{GI_\mathrm{p}}\mathrm{d}x \tag{7-11}$$

若在梁截面之间的扭矩 T 值保持不变，且轴为等直杆，上式可简化为

$$\varphi = \frac{Tl}{GI_\mathrm{p}} \tag{7-12}$$

上式表明，GI_p 越大，则扭转角 φ 越小，故 GI_p 称为圆轴的抗扭刚度。

一般轴各段的扭矩和直径并不相同，例如阶梯轴，就应该分段计算各段的扭转角，然后按代数值相加，所以圆轴两端截面的相对扭转角为

$$\varphi = \sum_{i=1}^{n} \frac{T_i l_i}{GI_{\mathrm{p}i}} \tag{7-13}$$

7.2.2 圆轴扭转时的刚度计算

刚度条件就是限定轴扭转变形的最大值不得超过规定的允许值。轴类零件除强度满足要求，还不应有过大的扭转变形。例如若车床丝杆扭转角过大会影响车刀给进精度。

由式(7-12)表示的扭转角与轴的长度有关。为了消除长度的影响，工程上用相距单位长度的两截面的相对转角来衡量扭转变形。单位长度扭转角 θ 的计算公式为

$$\theta = \frac{\varphi}{l} = \frac{T}{GI_\mathrm{p}}(\mathrm{rad/m})$$

圆轴扭转的刚度条件可表示为

$$\theta = \frac{T}{GI_\mathrm{p}} \leqslant [\theta] \tag{7-14}$$

各类轴零件的 $[\theta]$ 值从有关规范和手册中可以查到。设计手册中 $[\theta]$ 的单位为 (°/m)。所以工程实践中常用的公式为

$$\theta = \frac{T}{GI_\mathrm{p}} \times \frac{180}{\pi} \leqslant [\theta] \tag{7-15}$$

单位长度许用扭转角 $[\theta]$ 的数值一般规定如下：

（1）对于精密仪器、设备的轴，$[\theta] = 0.25°/m \sim 0.5°/m$；

（2）对于一般传动轴，$[\theta] = 0.5°/m \sim 1°/m$；

（3）对于要求不高的传动轴，$[\theta] = 2°/m \sim 4°/m$。

刚度问题的计算同样可分为三类问题：

（1）扭转刚度校核。

已知轴的尺寸、轴受的外力和单位长度许用扭转角 $[\theta]$，校核刚度条件是否得到满足。

（2）圆轴截面尺寸设计。

已知轴受的外力和单位长度许用扭转角 $[\theta]$，应用校核刚度条件确定圆轴的截面尺寸。

（3）确定圆轴的许用载荷

已知圆轴的截面尺寸和单位长度许用扭转角 $[\theta]$，由刚度条件确定圆轴所能承受的许用载荷。

例 7-3　已知空心圆轴的外径 $D = 76mm$，壁厚 $\delta = 2.5mm$，承受扭矩 $T = 2kN \cdot m$ 作用，材料的许用剪应力 $[\tau] = 100MPa$，剪切弹性模量 $G = 80GPa$，单位长度许用扭转角 $[\theta] = 2°/m$。试校核此轴的强度和刚度；如果改用实心圆轴，且使强度和刚度保持不变，则轴的直径要多大？

解：（1）校核强度和刚度

①计算空心轴极惯性矩 $I_{p空}$ 和抗扭截面系数 $W_{p空}$：

$$\frac{d}{D} = \frac{D - 2\delta}{D} = \frac{76 - 2 \times 2.5}{76} = 0.934$$

$$I_p = \frac{\pi D^4}{32}(1 - \alpha^4) = \frac{\pi \times 76^4}{32}(1 - 0.934^4) = 7.83 \times 10^5 (mm^4)$$

$$W_{p空} = \frac{I_p}{\dfrac{D}{2}} = \frac{7.83 \times 10^5}{\dfrac{76}{2}} = 2.06 \times 10^4 (mm^3)$$

②计算强度校核：

$$\tau_{max} = \frac{T}{W_{p空}} = \frac{2 \times 10^3}{2.06 \times 10^4 \times 10^{-9}} = 97.1 \times 10^6 (Pa) = 97.1(MPa) < [\tau]$$

τ_{max} 满足强度要求。

③计算刚度校核：

$$\theta = \frac{T}{GI_{p空}} \times \frac{180}{\pi} = \frac{2 \times 10^3}{80 \times 10^9 \times 7.83 \times 10^5 \times 10^{-12}} \times \frac{180}{\pi} = 1.83°/m < [\theta]$$

θ 满足刚度要求。

（2）设计实心圆轴的直径 $D_{实}$

①根据强度条件设计。

抗扭强度不变即抗扭截面系数 W_p 不变：

$$W_{p实} = \frac{\pi D^3_{实}}{16} = W_{p空}$$

所以

$$D_{实} = \sqrt[3]{\frac{16W_{p空}}{\pi}} = \sqrt[3]{\frac{16 \times 2.06 \times 10^4}{\pi}} = 47.2(\text{mm})$$

②根据刚度条件设计。

抗扭刚度不变即极惯性矩 I_p 不变：

$$I_{p实} = \frac{\pi D^4_{实}}{32} = I_{p空}$$

所以

$$D_{实} = \sqrt[4]{\frac{32I_{p空}}{\pi}} = \sqrt[4]{\frac{32 \times 7.83 \times 10^5}{\pi}} = 53.1(\text{mm})$$

因需要同时满足强度和刚度条件，所以实心轴的直径取两者中的大值 53.1mm。

下面我们比较一下空心轴和实心轴的重量。由于工程实际确定性了轴长 l 一定，材料相同，重度相同，所以两轴重量就是两轴横截面的关系。

设

$$k = \frac{A_{空}}{A_{实}}$$

式中：

$$A_{空} = \frac{\pi}{4}(D^2 - d^2) = \frac{\pi}{4}(76^2 - 71^2) = 577(\text{mm}^2)$$

$$A_{实} = \frac{\pi}{4}D^2_{实} = \frac{\pi}{4}53.1^2 = 2.21 \times 10^3(\text{mm}^2)$$

$$k = \frac{A_{空}}{A_{实}} = \frac{577}{2.21 \times 10^3} = 0.26$$

即空心轴的重量仅为实心轴的 26%。

本例从刚度条件进一步证明，采用空心轴可以有效减轻自重，节约成本。轴的抗扭刚度主要由极惯性 I_p 决定。从截面的几何性质分析，空心轴材料分布远离轴心，其极惯性矩 I_p 必大于实心轴，故无论对于轴的强度和刚度，采用空心轴较实心轴合理。但空心轴加工要比实心轴困难，且体积较大，太薄还容易产生局部皱褶、破裂、断口、稳定性差等问题，所以设计中应综合考虑。

7.3　本 章 小 结

7.3.1　圆轴扭转的应力公式

$$\tau_p = G\rho\frac{\mathrm{d}\varphi}{\mathrm{d}x} = G\rho\frac{T}{GI_p} = \frac{T\rho}{I_p}$$

$$\tau_{max} = \frac{TR}{I_p} = \frac{T}{W_p}$$

7.3.2 实(空)心圆轴的极惯性矩及抗扭截面模量的计算

对实心圆截面有极惯性矩：

$$I_p = \frac{\pi R^4}{2} = \frac{\pi D^4}{32}$$

$$W_p = \frac{I_p}{R} = \frac{\pi R^3}{2} = \frac{\pi D^3}{16}$$

在空心轴的情况下：

$$I_p = \frac{\pi(D^4 - d^4)}{32}$$

式中：D 和 d 分别为空心圆截面的外径和内径。若取 $\alpha = \dfrac{d}{D}$ ，则上式可改写为

$$I_p = \frac{\pi(D^4 - d^4)}{32} = \frac{\pi D^4}{32}(1 - \alpha^4) \quad W_p = \frac{\pi D^3}{16}(1 - \alpha^4)$$

7.3.3 圆轴扭转时的强度计算

圆轴扭转强度条件为

$$\tau_{max} = \frac{TR}{I_p} \leqslant [\tau] \quad 或 \quad \tau_{max} = \frac{T}{W_p} \leqslant [\tau]$$

应用圆轴的强度条件可解决圆轴扭转时的三类强度计算问题：

1. 扭转强度校核

应用 $\tau_{max} = \dfrac{TR}{I_p} \leqslant [\tau]$ 来计算。

2. 圆轴截面尺寸设计

已知轴受的外力偶矩和材料的需用剪应力，应用强度条件确定圆轴的截面尺寸。

3. 确定圆轴的许用载荷

已知圆轴的截面尺寸和许用剪应力，由强度条件确定圆轴所能承受的许用载荷。

7.3.4 圆轴扭转时的变形计算

圆轴扭转时变形量

$$\varphi = \frac{Tl}{GI_p}$$

7.3.5 圆轴扭转时的刚度计算

圆轴扭转的刚度条件可表示为

$$\theta = \frac{\varphi}{l} = \frac{T}{GI_p}(rad/m) \leqslant [\theta]$$

刚度问题的计算同样可分为三类问题：

1. 扭转刚度校核

已知轴的尺寸、轴受的外力和单位长度许用扭转角 $[\theta]$ ，校核刚度条件是否得到

满足。

2. 圆轴截面尺寸设计

已知轴受的外力和单位长度许用扭转角 $[\theta]$，应用校核刚度条件确定圆轴的截面尺寸。

3. 确定圆轴的许用载荷

已知圆轴的截面尺寸和单位长度许用扭转角 $[\theta]$，由刚度条件确定圆轴所能承受的许用载荷。

第8章 梁的平面弯曲

【本章要求】明确梁的纯弯曲与横力弯曲的区别，要求学生掌握梁弯曲变形下的应力计算，并用多重积分或叠加法熟练求解梁的变形。

【本章重点】梁在弯曲情况下正应力和剪应力计算问题；梁的强度校核问题；梁的挠度和转角求解问题。

直梁弯曲时，若在梁的纵向对称面内只作用力偶而没有力(包括集中力和分布荷载)，则梁变形时不产生截面相对错动即剪切变形，只发生弯曲变形，这种弯曲状态称为纯弯曲。

直梁发生平面弯曲时，一般同时产生剪切变形和弯曲变形，称为横力弯曲。但一般情况下，剪切变形对弯曲强度及弯曲变形影响很小。为了使研究问题简化，在本章的正应力公式推导及强度和变形计算中，一般不考虑剪切变形的影响。

8.1 平面弯曲梁的正应力

直梁发生平面弯曲时，横截面上一般既有弯矩，又有剪力，它们分别是横截面上分布内力的合力矩和合力。从静力关系可知，弯矩是横截面上的法向分布合力组成的合力偶矩，而剪力则是横截面上的切向分布合力组成的合力。纯弯曲时，梁只发生弯曲变形，无剪切变形，故横截面上只有弯矩无剪力，相应地横截面上只有正应力而无剪应力。为了研究方便，我们先研究梁在纯弯曲情况下的正应力计算。

分析梁纯弯曲变形时横截面上的应力分布规律及建立正应力的计算公式可知，必须从研究梁的变形入手，综合考虑几何、物理及静力三方面的关系。

8.1.1 变形几何分析

如图 8-1 所示的矩形截面梁，受力前在梁的侧面作平行于轴线的纵向线 aa、bb 以及垂直于轴线的横向线 $m—m$，$n—n$，然后加载，使其产生弯曲变形。变形后可观察到：

(1)横向线 $m—m$，$n—n$ 仍为直线，且仍与变形后的弧线 $a—a$ 和 $b—b$ 垂直，只是相对转过了一个角度。

(2)纵线变弧线，$a—a$ 缩短，$b—b$ 伸长。根据该表面变形现象，推想梁内部的变形与表向相同。作出如下的假设：变形后横截面仍保持平面，且仍垂直于变形后的轴线，只是绕截面内某一轴线转了一个角度。这就是弯曲变形的平面假设。如果设想梁是由无数根纤维组成的，则根据平面假设，各层纤维都在变化，具体变化趋势是凹层纤维缩短，凸层纤维伸长，那么其间必有一层纤维既不伸长也不缩短，这层纤维层称为中性层。中性层与横

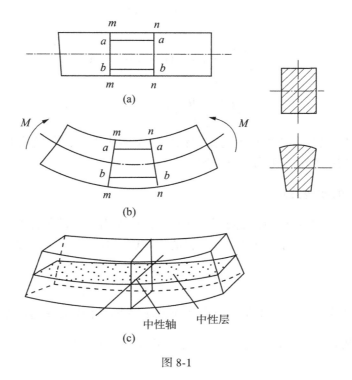

图 8-1

截面的交线称为中性轴(图 8-1(c))。梁弯曲变形时,横截面绕中性轴旋转。由于梁有一纵向对称面,荷载也作用在该对称面内,故变形必对称于该纵向对称面,中性轴一定与该纵向对称面垂直。

　　根据平面假设来分析梁弯曲时的变形规律。取长为 dx 的微段如图 8-2(a)所示,y 轴为对称轴,z 轴为中性轴。变形后该微段如图 8-2(b)所示。

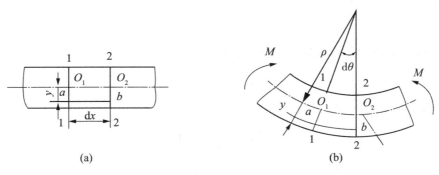

图 8-2

　　1—1 截面、2—2 截面绕中性轴相对转过 $d\theta$ 角,设中性层 O_1O_2 的曲率半径为 ρ,距中性层为 y 处的纤维 $\overline{ab}$ 变形后的长度 $\widehat{a'b'}$ 为

$$\overset{\frown}{a'b'} = (\rho + y)\,\mathrm{d}\theta$$

其应变为：

$$\varepsilon = \frac{\overset{\frown}{a'b'} - \overline{ab}}{\overline{ab}} = \frac{(\rho + y)\,\mathrm{d}\theta - \mathrm{d}x}{\mathrm{d}x}$$

$$= \frac{(\rho + y)\,\mathrm{d}\theta - \rho\mathrm{d}\theta}{\rho\mathrm{d}\theta} = \frac{y}{\rho} \tag{8-1}$$

式(8-1)表明，各层纤维的应变与离中性层的距离成正比，即横截面上任一点的纵向线应变 ε 与该点到中性轴的距离 y 成正比。

8.1.2 材料的物理关系

假设梁在纯弯曲时纵向纤维之间不存在相互挤压作用。这样所有纵向纤维就处于单向拉伸或压缩的应力状态。当应力未超过材料的比例极限时，由胡克定律可得

$$\sigma = E\varepsilon = E\,\frac{y}{\rho} \tag{8-2}$$

对于指定的横截面，$\dfrac{y}{\rho}$ 为常量，故横截面上任一点的正应力 σ 与该点到中性轴的距离 y 成正比，即横截面上的正应力沿横截面高度呈线性分布，中性轴（$y = 0$）上正应力等于零。

8.1.3 静力平衡条件

虽然得出了正应力的分布规律，但由于中性轴位置未定，y 无法确定，ρ 也未知，故截面上某高度处的正应力大小尚不能由式(8-2)计算出，还需要利用应力和内力间的静力关系来解决。从梁中取出的一个微段，作用在横截面上的微内力为 $\sigma\mathrm{d}A$。在整个横截面上这些微内力组成一个垂直横截面的空间平行力系。由于纯弯曲时横截面上无轴向力，只有弯矩，所以微内力沿 x 向的总和应等于零，即

$$\int_A \sigma\mathrm{d}A = 0 \tag{8-3}$$

微内力对 z 轴的矩的总和则等于弯矩，即

$$\int_A y\sigma dy = M \tag{8-4}$$

将式(8-2)代入式(8-3)得

$$\int_A E\,\frac{y}{\rho}\mathrm{d}y = \frac{E}{\rho}\int_A y dA = 0$$

对于给定的横截面，$\dfrac{E}{\rho}$ 是一个不等于零的常量，故必须有 $\int_A y dA = 0$。由理论力学的知识可确定截面形心的公式为

$$y_c = \frac{\displaystyle\int_A y dA}{A} \tag{8-5}$$

故 $\int_A y\mathrm{d}A = 0$，表明中性轴通过截面的形心。再将式(8-2)代入式(8-4)得

$$\int_A yE\frac{y}{\rho}\mathrm{d}A = \frac{E}{\rho}\int_A y^2\mathrm{d}A = M \tag{8-6}$$

令

$$\int_A y^2\mathrm{d}A = I_z$$

I_z 称为截面对中性轴 z 的惯性矩，它只与截面的形状和尺寸有关系，具体运算见相应计算手册。于是式(8-6)可写成

$$\frac{E}{\rho}I_z = M$$

$$\frac{1}{\rho} = \frac{M}{EI_z} \tag{8-7}$$

这就是确定中性层曲率 $\frac{1}{\rho}$ 的公式，是梁变形的基本公式。由此式可知，中性层的曲率与 M 成正比，与 EI_z 成反比。EI_z 越大在相同弯矩作用下曲率 $\frac{1}{\rho}$ 越小，梁越不易变形，故 EI_z 称作梁的抗弯刚度，它表示梁抵抗弯曲变形的能力。将式(8-7)代入式(8-2)可得

$$\sigma = \frac{My}{I_z} \tag{8-8}$$

式(8-8)即为梁纯弯曲时横截面上正应力 σ 的计算公式。在具体应用该公式时，M 和 y 代入绝对值，应力是拉还是压，可由弯曲变形情况来判断：以中性轴为界限，点处于弯曲凸出一侧，则为拉应力；处于弯曲凹入一侧，则为压应力。

8.1.4　平面弯曲正应力公式与强度计算

式(8-7)是根据平面假设和纵向纤维无挤压假设而得出的，弹性理论已经证明其正确性。公式(8-8)虽然是在纯弯曲情况下导出的，但研究结果表明，对于横力弯曲，只要跨长与截面高 h 之比大于 5 的细长梁，横截面上的正应力分布规律与纯弯曲时几乎相同，剪力和挤压作用影响很小，可以忽略不计。

由正应力计算公式 $\sigma = \frac{My}{I_z}$ 知，等直梁的最大弯曲正应力发生在最大弯矩所在横截面上距中性轴最远的各点处，即

$$\sigma_{\max} = \frac{M_{\max}y_{\max}}{I_z} = \frac{M_{\max}}{\dfrac{I_z}{y_{\max}}}$$

令 $\dfrac{I_z}{y_{\max}} = W_z$，则上式为

$$\sigma_{\max} = \frac{M_{\max}}{W_z} \tag{8-9}$$

式中，W_z 称为抗弯截面模量，它只与截面的形状和尺寸有关，常用于衡量截面的抗弯

133

能力。

为了方便 W_z 的计算，这里给出几种常见截面对轴惯性矩和抗弯截面系数。

（1）实心矩形的惯性矩及抗弯截面系数：

$$I_z = \int_A y^2 \mathrm{d}A = \frac{bh^3}{12}$$

$$\sigma = \frac{My}{I_z}$$

$$\sigma_{t,\ max} = |\sigma_{c,\ max}| = \frac{|M||y_{max}|}{I_z} = \frac{|M|}{W_z}$$

对中性轴 z 的抗弯截面系数为

$$W_z = \frac{I_z}{|y_{max}|} = \frac{1}{6}bh^2（单位为 mm^3 或 m^3）$$

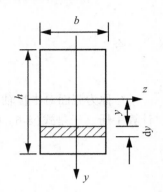

（2）空心矩形的惯性矩及抗弯截面系数：

$$I_z = \frac{BH^3}{12} - \frac{bh^3}{12}$$

$$I_y = \frac{B^3H}{12} - \frac{b^3h}{12}$$

$$W_z = \frac{BH^3 - bh^3}{6}$$

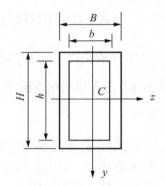

（3）实心圆截面的惯性矩及抗弯截面系数：

$$I_p = \int_A \rho^2 \mathrm{d}A = \frac{\pi d^4}{32}$$

$$\rho^2 = y^2 + z^2$$

$$I_p = \int_A (y^2 + z^2)\,\mathrm{d}A = I_y + I_z$$

$$I_y = I_z = \frac{I_p}{2} = \frac{\pi d^4}{64}$$

$$W_z = \frac{\pi d^3}{32}$$

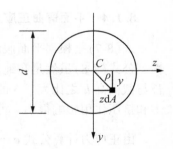

（4）空心圆截面的惯性矩：

$$I_y = I_z = \frac{\pi}{64}(D^4 - d^4) = \frac{\pi D^4}{64}(1 - \alpha^4)$$

$$\alpha = \frac{d}{D}$$

$$W_z = \frac{\pi D^3}{32}(1 - \alpha^4)$$

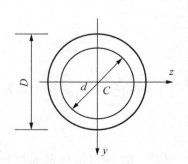

对于工程上常见的细长梁，强度的主要控制因素是弯曲正应力，为了保证梁能完全、正常地工作，必须使梁内最大

正应力 σ_{max} 不超过材料的许用应力 $[\sigma]$。故梁的正应力强度条件为

$$\sigma_{max} = \frac{M_{max}}{W_z} \leqslant [\sigma] \tag{8-10}$$

把产生最大正应力的各点称为危险点，危险点所在的截面称为危险截面。不同材料制成的梁，其危险点不一定发生在 $|M_{max}|$ 的截面上，是否为危险点，除了与该点所在截面的弯矩有关外，还与该点的抗拉、抗压能力有关。下面介绍梁内危险点位置的判断方法。

（1）材料为钢材等塑性材料的等截面梁，危险点在 $|M_{max}|$ 截面处。

（2）中性轴居中的等截面梁，无论材料是塑性材料还是脆性材料，其危险点均在 $|M_{max}|$ 截面处。

（3）中性轴不居中的等截面梁，材料为脆性材料，则危险点在正、负最大弯矩处。

确定了危险点之后，按式(8-10)表示的强度条件，同样可以解决与强度有关的三类问题，即强度校核、截面选择和确定许用载荷。

例 8-1　矩形截面外伸梁受力如图 8-3（a）所示，已知 $l = 4m$，$b = 180mm$，$h = 220mm$，$P = 4kN$，$q = 8kN/m$，材料的许用应力 $[\sigma] = 140MPa$，试校核梁的强度。

解：（1）作弯矩图，确定危险面。

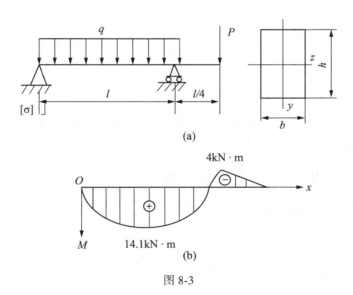

图 8-3

所作弯矩图如图 8-3(b)所示，由图可知

$$M_{max} = 14.1kN \cdot m$$

截面中性轴居中，故危险点在 M_{max} 截面处。

（2）校核强度。

$$W_z = \frac{bh^2}{6} = \frac{1}{6} \times 180 \times 220^2 (mm^3) \approx 1.45 \times 10^6 (mm^3)$$

$$\sigma_{max} = \frac{M_{max}}{W_z} = \frac{14.1 \times 10^3}{14.5 \times 10^6 \times 10^{-9}} (Pa) \approx 9.72 (MPa) < [\sigma]$$

故梁的强度足够。

例 8-2　一单梁吊车如图 8-4(a)所示，梁的跨度 8m，$F = 100kN$，许用应力 $[\sigma] = 140MPa$，试按梁的弯曲强度选择工字钢的型号(不考虑梁的重力)。

解：(1)作 M 图，确定危险截面。

吊车梁可简化为简支梁，起吊重力通过行走小车传递给吊车梁上。因小车轮子的间距与梁跨相比甚小，故作用在梁上的荷载可简化一集中力，如图 8-4(b)所示。

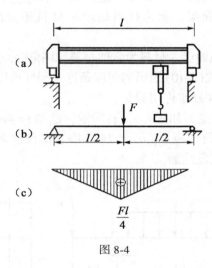

图 8-4

由例 8-4 可知，当小车行至跨中时，梁内弯矩最大，这时的 M 图如图 8-4(c)所示。跨中截面为危险截面，最大弯矩为

$$M_{\max} = \frac{Fl}{4} = \frac{1}{4} \times 100 \times 10^3 \times 8 = 200(\text{kN} \cdot \text{m})$$

(2)求梁所需的抗弯截面模量 W_z。

由弯曲强度条件有

$$W_z \geqslant \frac{M_{\max}}{[\sigma]} = \frac{200 \times 10^3}{140 \times 10^6} = 1.428 \times 10^{-3}(\text{m}^3) = 1428 \times 10^3(\text{mm}^3)$$

(3)确定工字钢型号。

查型钢表，选用 NO45A 工字钢，其 $W_z = 1430 \times 10^3 \text{mm}^3$

例 8-3　如图 8-5(a)所示的矩形简支木梁，受均布荷载作用，木材的需用应力 $[\sigma] = 10MPa$，试确定木梁的许用载荷。

解：(1)作弯矩图，确定危险面。

如图 8-5(b)所示，最大弯矩在跨中截面，其值为

$$M_{\max} = \frac{1}{8}ql^2 = \frac{q}{8} \times 4^2 = 2q(\text{kN} \cdot \text{m})$$

(2)校核强度。

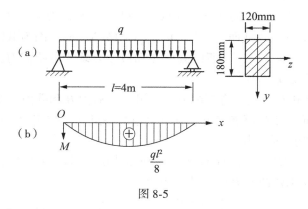

图 8-5

$$W_z = \frac{bh^2}{6} = \frac{1}{6} \times 120 \times 180^2 = 648 \times 10^3 (\text{mm}^3)$$

$$= 648 \times 10^{-6} (\text{m}^3)$$

根据强度条件有 $M_{\max} \leqslant [\sigma]W_z$，即 $2q \leqslant [\sigma]W_z$。由此解得

$$q \leqslant \frac{[\sigma]W_z}{2} = \frac{10 \times 10^6 \times 648 \times 10^{-6}}{2} = 3.27 \times 10^3 (\text{N/m}) = 3.24 (\text{kN/m})$$

故木梁的许用均布载荷 $q = 3.24\text{kN/m}$。

例 8-4　试按正应力校核如图 8-6(a) 所示铸铁梁的强度。已知梁的横截面为 T 字形，惯性矩 $I_z = 26.1 \times 10^{-6}\text{m}^4$，材料的许用拉应力 $[\sigma^+] = 40\text{MPa}$，许用压应力 $[\sigma^-] = 110\text{MPa}$（横截面尺寸单位为 mm）。

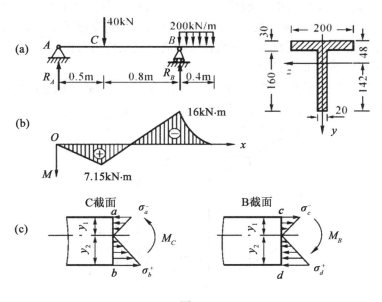

图 8-6

137

解：(1)作 M 图，确定危险截面。

作出梁的弯矩图如 8-6(b)所示。由图可知，最大正弯矩在截面 C，即 M^+_{max} = 7.15kN·m；最大负弯矩在截面 B，即 $|M^-_{max}|$ = 16kN·m。因为截面中性轴不居中，且材料的许用应力 $[\sigma^+] \neq [\sigma^-]$。所以截面 B 和截面 C 均为危险截面，故对两个危险截面 C 和 B 的最大正应力要分别校核。

(2)根据 B 截面和 C 截面上弯矩的方向，可画出截面 B 和截面 C 上的应力分布图，如图 8-6(c)所示，截面 C 下边缘各点和截面 B 上边缘各点均受拉应力，截面 C 上边缘各点与截面 B 下边缘各点均受压应力。

因为 $|M^-_{max}| > |M^+_{max}|$，且 $y_2 > y_1$，所以 $|M^-_{max}|y_2 > |M^+_{max}|y_1$，故 $\sigma_d > \sigma_a$，即梁内最大压应力发生在截面 B 的下边缘各点：

$$\sigma^-_{max} = \sigma_d = \left| \frac{16 \times 0.142}{26.1 \times 10^{-6}} \right| = 87(\text{MPa}) < 110\text{MPa}$$

又因为 $|M^-_{max}|y_1 < |M^+_{max}|y_2$，所以最大拉应力发生在截面 C 的下边缘各点：

$$\sigma^+_{max} = \sigma_b = \frac{7.15 \times 0.142}{26.1 \times 10^{-6}} = 38.9(\text{MPa}) < 40\text{MPa}$$

由此可知铸铁梁的强度是足够的，并可以看出抗拉强度由 C 截面控制，抗压强度由 B 截面控制。如果将该梁的上、下倒过来放置，结果将如何呢？有兴趣的读者不妨试算一下。

8.2 平面弯曲梁的剪应力

梁在横弯曲作用下，其横截面上不仅有正应力，而且有剪应力。由于存在剪应力，横截面不再保持平面，而发生"翘曲"现象。进一步的分析表明，对于细长梁(例如矩形截面梁，$l/h \geqslant 5$，l 为梁长，h 为截面高度)，剪应力对梁的强度和变形的影响属于次要因素。但是在某些情况下，若梁的跨度较短，截面较窄而高，其切应力可能达到很大的数值，这时进行切应力的强度校核是非常必要的。

对于图 8-7 所示的矩形截面梁，横截面上作用剪力 F_s。现分析距中性轴 z 为 y 的横线 aa_1 上的剪应力分布情况。在分析之前先做以下两个假设：

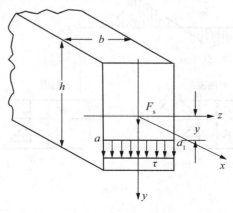

图 8-7

（1）横截面上任一点处的剪应力方向均平行于剪力 F_s；

（2）剪应力沿截面宽度均匀分布。

在截面高度 h 大于宽度 b 的情况下，剪应力的数值沿横线 aa_1 不可能有太大变化，上述假定得出的解在工程实际中有足够的精度。按照这样的假设，在距中性轴为 y 的横线 aa_1 上的剪应力都相等，且平行于剪力 F_s。同时由剪应力互等定理可知，在沿横线 aa_1 切出的平行于中性层的平面上，必然存在与 τ 相等的 τ'，且沿着宽度 b 均匀分布。

以横截面 m—m 和 n—n 从如图 8-8（a）所示的梁中取出长为 dx 的一段，其左右截面上的内力如图 8-8（b）所示，截面 m—m 和 n—n 上的力矩分别为 M 和 $M+dM$。梁的横截面尺寸如图 8-8（c）所示，现欲求距中性轴 z 为 y 的横线 aa_1 处的剪应力 τ。过 aa_1 用平行于中性层的纵截面 aa_1cc_1 自 dx 微段中截出一微元体（图 8-8（d））。根据剪应力互等定理，微元体的纵截面上存在均匀分布的剪应力 τ'。截面 m—m 和 n—n 上正应力的合力分别为 N_1 和 N_2：

$$N_1 = \int_{A_1} \sigma_1 dA = \int_{A_1} \frac{My_1}{I_z} dA = \frac{M}{I_z} S_z^*$$

$$N_2 = \int_{A_1} \sigma_{\text{II}} dA = \int_{A_1} \frac{(M+dM)y_1}{I_z} dA = \frac{(M+dM)}{I_z} S_z^*$$

式中：A_1 为接触的微块的侧面积；σ_1、σ_{II} 为面积 A_1 中距中性轴为 y_1 的正应力，$S_z^* = \int_{A_1} y_1 dA$ 是横截面的部分面积对中性轴的静距，即距中性轴为 y 的横线 aa_1 以下面积对中性轴的静距。

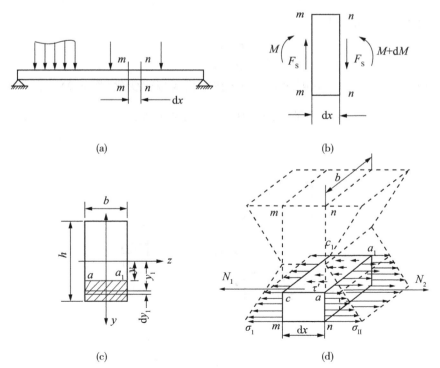

(a)　　　　　　　　　　　　(b)

(c)　　　　　　　　　　　　(d)

图 8-8

在纵截面 aa_1cc_1 上，与之相切的内力系的合力为

$$\mathrm{d}F'_s = \tau'b\mathrm{d}x$$

N_1、N_2 和 dF'_s 的方向都平行于 x 轴，应满足平衡方程 $\sum F_x = 0$，即

$$N_2 - N_1 - \mathrm{d}F'_s = 0$$

将 N_1、N_2 和 dF'_s 的表达式代入上式得

$$\frac{M + \mathrm{d}M}{I_z}S_z^* - \frac{M}{I_z}S_z^* - \tau'b\mathrm{d}x = 0$$

经简化可得

$$\tau' = \frac{\mathrm{d}M}{\mathrm{d}x} \cdot \frac{S_z^*}{I_z b}$$

因 $\dfrac{\mathrm{d}M}{\mathrm{d}x} = F_S$，$\tau = \tau'$，故求得横截面上距中性轴为 y 处横截面上各点的剪应力 τ 为

$$\tau = \frac{F_s S_z^*}{bI_z} \tag{8-11}$$

式中：F_s 为横截面上的剪力，b 为截面宽度，I_z 为整个截面对中性轴的惯性矩，S_z^* 为截面上距中性轴为 y 的横线以外部分面积对中性轴的惯性矩。式(8-11)就是矩形截面梁弯曲剪应力计算公式。

对于矩形截面梁(图8-8)，可取 $\mathrm{d}A = b\mathrm{d}y_1$，于是

$$S_z^* = \int_{A_1} y_1 \mathrm{d}A = \int_y^{\frac{h}{2}} by_1\mathrm{d}y_1 = \frac{b}{2}\left(\frac{h^2}{4} - y^2\right)$$

这样，式(8-11)可写成

$$\tau = \frac{F_s}{2I_z}\left(\frac{h^2}{4} - y^2\right) \tag{8-12}$$

式(8-12)表明，沿截面高度的剪应力 τ 按抛物线规律变化(图8-9)。在截面上、下边缘处，$y = \pm\dfrac{h}{2}$，$\tau = 0$，在中性轴上，$z = 0$，剪应力值最大，以 $I_z = \dfrac{bh^3}{12}$ 代入剪应力表达式可得

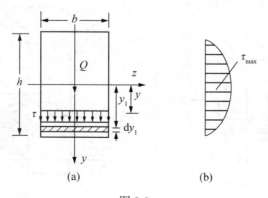

图 8-9

$$\tau_{max} = \frac{3F_s}{2A} \qquad (8\text{-}13)$$

式中：$A = bh$，即矩形截面梁最大剪应力是其平均剪应力的 1.5 倍。

8.3 提高弯曲强度的措施

弯曲正应力是影响弯曲强度的主要因素，由弯曲强度的条件可知，提高梁的弯曲强度，一是要合理安排梁的受力情况，以降低 M_{max} 的数值；二是要采用合理的截面形状来提高 W_z 的数值，从而充分利用材料的力学性能。工程上主要从以下几个方面来提高梁的强度。

8.3.1 改变加载的方式或加载位置

改善梁的受力状况，可以通过改变加载方式或者调整支座位置。这些都可以减少梁上的最大弯矩数值。改变加载方式，主要是将作用在梁上的一个集中力用均布力或者几个比较小的集中力代替。例如图 8-10（a）中的简支梁，在梁的中点处承受集中力 P，最大弯矩为 $M_{max} = \frac{Pl}{4}$。如果将集中力 P 分散成如图 8-10（b）所示的两个集中力，则最大弯矩将减小为 $M_{max} = \frac{Pl}{8}$。如果将集中力 P 变成梁上的全长上均匀分布的荷载，荷载集度 $q = \frac{P}{l}$，如图 8-10（c）所示，此时梁上的最大弯矩变成 $M_{max} = \frac{Pl}{8}$。在某些情况下，改变加力点的位置，使其靠近支座，也可以使梁内的弯矩有明显的降低，例如在图 8-10（d）中，当荷载的作用点移到梁的一侧，如距左侧 $\frac{l}{6}$ 处时，梁的最大弯矩将变为 $M_{max} = \frac{5Pl}{36}$。

8.3.2 改变支座的位置

改变支座的位置，从而达到降低梁上最大弯矩的目的。例如图 8-10（c）中承受均布荷载的简支梁，最大弯矩 $M_{max} = \frac{Pl}{8}$。如果将支座向中间移动 $0.2l$，如图 8-11（a）所示，这时梁内的最大弯矩变成 $M_{max} = \frac{Pl^2}{40}$（图 8-11（b））。但是随着支座向梁的中点移动，梁中间截面上的弯矩逐渐减小，而支座处截面上的弯矩却逐渐增大。最好的位置是使梁的中间截面上的弯矩正好等于支座截面上的弯矩。如图 8-12（a）所示的门式起重机的大梁、图 8-12（b）所示的锅炉筒体，其支承点略向中间移动，都是通过合理布置支座位置，以减小最大弯矩的工程实例。

8.3.3 选择合理的截面形状

平面弯曲时，梁横截面上的正应力沿着高度方向线性分布，到中性轴越远的点，正应力越大，中性轴附近越近的各点正应力很小。当到中性轴最远点上的正应力达到许用应力

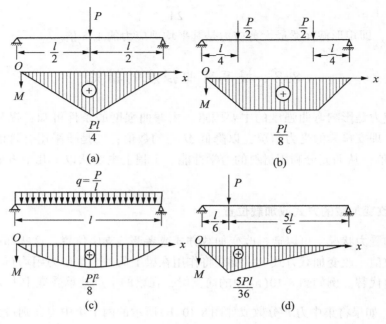

图 8-10

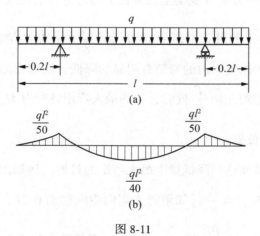

图 8-11

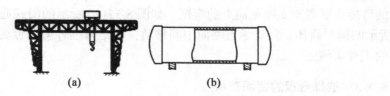

图 8-12

值时，中性轴附近各点的正应力还远远小于许用正应力值。因此，可以认为，横截面上中性轴附近的材料没有被充分利用。将这些材料移到离中性轴较远处，则可使它们得到充分利用，形成"合理截面"。工程中的吊车梁、桥梁常采用工字型、槽型或箱型截面，房屋建筑中的楼板采用空心圆孔板，道理就在于此。

根据最大正应力公式

$$\sigma_{max} = \frac{M_{max}}{W}$$

为了使 σ_{max} 尽可能的小，必须使得 W 尽可能的大。但是，梁的横截面面积有可能随着 W 的增加而增加，这意味着要增加材料的消耗。若能在 W 增加的同时，横截面面积尽量不增加或者增加很少，也就是使 $\frac{W}{A}$ 的数值尽可能的大，便可以达到合理利用材料的目的。$\frac{W}{A}$ 数值与截面的形状有关，表 8-1 列出了常见截面的 $\frac{W}{A}$ 数值。

表 8-1　　　　　　　　　　　　常见截面的 $\frac{W}{A}$ 数值

截面	矩形	圆形	环形	槽钢	工字钢
形状			内径$d=0.8h$		
$\frac{W}{A}$ 数值	$0.167h$	$0.125h$	$0.205h$	$(0.27-0.31)h$	$(0.29-0.31)h$

以宽度为 b、高度为 h 的矩形截面为例，当横截面竖直放置，而且荷载作用在竖直对称面内时，$\frac{W}{A} = 0.167h$；当横截面横向放置，而且荷载作用在短轴对称面时，$\frac{W}{A} = 0.167b$。如果 $\frac{h}{b} = 2$，则横截面竖直放置时的 $\frac{W}{A}$ 数值时横向放置时的 2 倍。显然，矩形截面梁竖直放置比较合理。需要指出的是，对于矩形、工字型等截面，增加截面高度虽然能有效地提高抗弯截面系数，但若高度过大，宽度过小，则在荷载作用下梁会发生扭曲，从而使梁过早地丧失承载力。

选择梁的合理截面还要考虑到材料的特性。对于抗拉和抗压强度相等的材料，宜采用对中性轴对称的截面，如圆形、矩形、工字型等。这样可使截面上、下边缘处的最大拉应力和最大压应力数值相等，同时接近许用应力。对于拉、压许用应力不相等的材料(例如大多数脆性材料)，采用 T 字形等中性轴距上、下边不相等的截面较为合理。例如图 8-13 所示的 T 字形截面就比较合理。如果能使得中性轴的位置满足如下条件：

$$\frac{\sigma_{\text{tmax}}}{\sigma_{\text{cmax}}} = \frac{\dfrac{M_{\max}y_2}{I_z}}{\dfrac{M_{\max}y_1}{I_z}} = \frac{y_2}{y_1} = \frac{[\sigma_{\text{t}}]}{[\sigma_{\text{c}}]}$$

那么最大拉应力和最大压应力就能同时达到材料的许用值，这样就能使中性轴上、下两侧的材料得到充分利用。

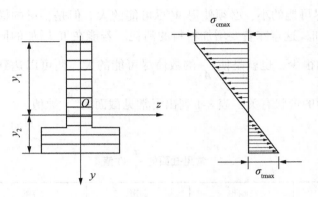

图 8-13

8.3.4　用变截面梁

就整个梁而言，根据梁各横截面弯矩的不同，也有沿梁的轴线方向如何充分利用材料的问题。对于等截面梁，除 $M_{\max}$ 所在截面的最大正应力达到材料的许用应力外，其余截面的应力均小于甚至远小于许用应力。在这些地方，材料没有充分被利用。因此，为了节省材料，减轻结构的重量，可在弯矩较小处采用较小的截面，这种截面尺寸沿梁轴线变化的梁称为变截面梁。若使变截面梁每个截面上的最大正应力都等于材料的许用应力，则这种梁称为等强度梁。考虑到加工的经济性及其他工艺要求，工程实际中只能做成近似的等强度梁，例如机械设备中的阶梯轴（图 8-14(a)）、工业厂房中的鱼腹梁（图 8-14(b)）、摇臂钻床的摇臂（图 8-14(c)）等。

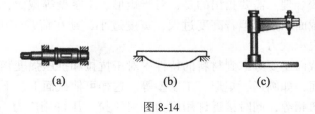

(a)　　　　(b)　　　　(c)

图 8-14

8.4　梁　的　变　形

8.4.1　挠度与转角

在外力作用下，梁内各部分之间的相对位置将发生变化，即梁将发生变形。同时梁内各点、面的空间位置也将发生改变，即梁各部分将产生位移。变形与位移是两个不同的概念，但它们相互间又有联系。例如有两根梁，其中一根为悬臂梁，另一根为简支梁，如图 8-15（a）、8-15（b）所示，这两根梁的中性层曲率 $\dfrac{1}{\rho}=\dfrac{M}{EI_z}$ 相同，故它们的变形程度相同。

但是这两根梁相应横截面的位移却明显不同。其原因是：梁的弯曲变形只取决于弯矩和抗弯刚度，而各横截面的位移不仅与抗弯刚度有关，还与梁的约束条件有关。

一般情况下，梁的变形由弯矩和剪力引起，但剪力对变形影响很小，故本节只讨论由弯曲引起的弯曲变形。

如图 8-16 所示的悬臂梁，x 轴表示梁变形前的轴线，y 轴表示梁横截面的形心轴，xy 平面即为梁的纵向对称面，梁变形后，其轴线由直线弯成一条位于 xy 平面内的曲线，称为梁的挠曲线。梁上任一横截面同时产生两种位移：

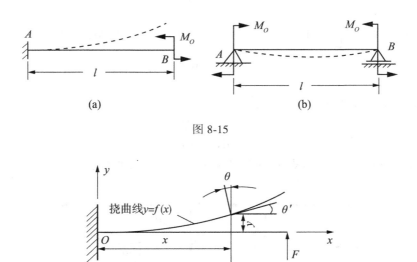

图 8-15

图 8-16

（1）线位移——挠度

横截面形心在垂直梁轴方向的位移——线位移，称为挠度。在图 8-16 所示坐标系中，挠度 y 向下为正。实际上由于轴线在中性层上长度不变，故横截面形心产生垂直位移时，还伴有轴线方向的位移，因其极小，略去不计。

（2）角位移——转角

横截面相对其原位置转过的角度，称为截面的转角，用 θ 表示。根据平面假设，变形

后横截面仍垂直于挠曲线，故 θ 角等于挠曲线在该点的切线与 x 轴的夹角，因为是小变形，可得

$$\theta = \theta' \approx \tan\theta = \frac{\mathrm{d}y}{\mathrm{d}x} = y' \tag{8-14}$$

在图 8-16 所示坐标系下，转角 θ 顺时针转为正，相反为负值。式(8-14)表明，梁的挠曲线上任一点切线的斜率等于该点处的横截面的转角。

综上所述，挠度和转角反映梁弯曲变形的全部信息。只要知道梁的挠曲线方程，即可求梁轴上任一点的挠度和横截面的转角。下面分析如何求出梁的挠曲线方程。

8.4.2 挠曲线微分方程

在推导弯曲正应力公式时，曾得到中性层的曲率，也就是挠曲线的曲率为

$$\frac{1}{\rho} = \frac{M}{EI} \tag{a}$$

它建立了弯曲变形和弯矩、抗弯刚度间的关系。由高等数学可知，平面曲线的曲率为

$$\frac{1}{\rho} = \pm \frac{\dfrac{\mathrm{d}^2 y}{\mathrm{d}x^2}}{\left[1 + \left(\dfrac{\mathrm{d}y}{\mathrm{d}x}\right)^2\right]^{\frac{3}{2}}}$$

在小变形情况下，$\dfrac{\mathrm{d}y}{\mathrm{d}x}$ 很小，故 $\left(\dfrac{\mathrm{d}y}{\mathrm{d}x}\right)^2 \ll 1$，同 1 比较，可略去不计，则

$$\frac{1}{\rho} \approx \pm \frac{\mathrm{d}^2 y}{\mathrm{d}x^2} \tag{b}$$

由式(a)、式(b)可得近似公式为

$$\pm \frac{\mathrm{d}^2 y}{\mathrm{d}x^2} = \frac{M}{EI} \tag{c}$$

上式中的正负号要根据弯矩 M 的符号及所取的坐标系来确定。

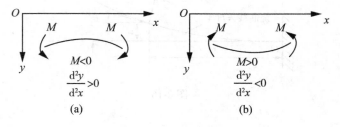

图 8-17

在图 8-17 所示的坐标系中，M 与 $\dfrac{\mathrm{d}^2 y}{\mathrm{d}x^2}$ 始终异号，故式(c)左端应取负号。于是有

$$\frac{\mathrm{d}^2 y}{\mathrm{d}x^2} = -\frac{M}{EI} \tag{8-15}$$

式(8-15)称作梁挠曲线近似微分方程,它是研究弯曲变形的基本方程。求解这个微分方程,便可得到挠曲线方程,从而计算任一截面的挠度和转角。

8.4.3　用积分法求梁的变形

将挠曲线近似微分方程并对 x 积分一次和两次便可得到梁的挠曲线方程和转角方程。

挠度方程:$EIy = -\iint M(x)\,\mathrm{d}x\mathrm{d}x + Cx + D$

转角方程:$EI\theta = EIy' = -\int M(x)\,\mathrm{d}x + C$

对于工程中常见的等直梁,其抗弯刚度 EI 为常数,式中两个积分常数 C 和 D 由边界条件确定。例如固定端的边界条件为挠度 $y = 0$,转角 $\theta = 0$;铰支座的边界条件为挠度 $y = 0$ 等。

当梁的弯矩方程必须分段建立时候,挠曲线微分方程也应相应分段建立。在此情况下,积分常数根据边界条件和分段处挠曲线的光滑连续条件来确定。

例 8-5　已知如图 8-18 所示悬臂梁的抗弯刚度 EI 为常量,试求梁的最大挠度 $y_{\max}$ 和最大转角 $\theta_{\max}$ 。

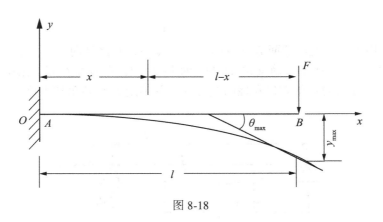

图 8-18

解:首先以梁的左端为原点,建立 Oxy 坐标系。

(1)建立梁的弯矩方程:

$$M(x) = -F(l - x)$$

(2)建立挠曲线微分方程并积分:

$$EIy'' = -M(x) = F(l - x) = Fl - Fx \tag{a}$$

积分一次得转角方程

$$EI\theta = EIy' = -\frac{1}{2}Fx^2 + Flx + C \tag{b}$$

再积分一次得挠曲线方程

$$EIy = -\frac{1}{6}Fx^3 + \frac{1}{2}Fx^2 + Cx + D \tag{c}$$

(3)利用边界条件确定积分常数。

147

固定端截面 A 的转角和挠度为零，故梁的边界条件为

当 $x = 0$ 时，$\theta = y' = 0$；

当 $x = 0$ 时，$y = 0$。

代入式(b)、式(c)得

$$C = 0, \ D = 0$$

(4)确定转角方程和挠曲线方程。

将 C、D 值代回式(b)、式(c)，即得转角方程和挠曲线方程：

$$EI\theta = EIy' = -\frac{1}{2}Fx^2 + Flx \tag{d}$$

$$EIy = -\frac{1}{6}Fx^3 + \frac{1}{2}Fx^2 \tag{e}$$

(5)确定梁的最大挠度和最大转角。

梁的挠曲线形状如图 8-18 中虚线所示，最大挠度 y_{max} 和最大转角 θ_{max} 均在自由端 B 处，将 $x = l$ 代入式(d)、式(e)得

$$\theta_{max} = \theta_B = \frac{Fl^2}{2EI}$$

$$y_{max} = y_B = \frac{Fl^3}{3EI}$$

计算结果均为负，表示截面 B 按顺时针方向旋转，其挠度向下。

例 8-6 如图 8-19 所示，简支梁 AB 抗弯刚度为 EI，在截面 C 处受集中力 F 作用，设（$a > b$），试求此梁的转角方程和挠曲线方程，并确定 B 端转角和中点处挠度。

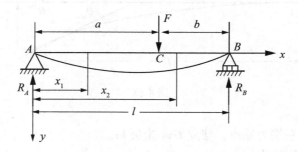

图 8-19

解：(1)求支座反力。分段列出弯矩方程：

$$R_A = \frac{Fb}{l} \ R_B = \frac{Fa}{l}$$

AC 段（$0 \leq x_1 \leq a$）：$M(x_1) = R_A x_1 = \frac{Fb}{l}x_1$

CB 段（$a \leq x_2 \leq c$）：$M(x_2) = R_A x_2 - F(x_2 - a) = \frac{Fb}{l}x_2 - F(x_2 - a)$

(2)分段接触并积分挠曲线近似微分方程(见表 8-2)。

表 8-2

AC 段（$0 \leqslant x_1 \leqslant a$）	CB 段（$a \leqslant x_2 \leqslant l$）
$EIy''_1 = -M(x_1) = -\dfrac{Fb}{l}x_1$	$EIy''_2 = -M(x_2) = -\dfrac{Fb}{l}x_2 + F(x_2 - a)$
$EIy'_1 = -\dfrac{Fb}{l}\dfrac{x_1^2}{2} + C_1 \qquad (\mathrm{a}_1)$	$EIy'_2 = -\dfrac{Fb}{l}\dfrac{x_2^2}{2} + F\dfrac{(x_2 - a)^2}{x} + C_2 \qquad (\mathrm{a}_2)$
$EIy_1 = -\dfrac{Fb}{l}\dfrac{x_1^3}{6} + C_1 x_1 + D_1 \qquad (\mathrm{b}_1)$	$EIy_2 = -\dfrac{Fb}{l}\dfrac{x_2^3}{6} + F\dfrac{(x_2 - a)^3}{6} + C_2 x_2 + D_2 \qquad (\mathrm{b}_2)$

对 CB 段梁进行积分时，对含有 $x_2 - a$ 的项以 $x_2 - a$ 作为自变量，这样可以使确定积分常数的运算得到简化。

（3）确定积分常数。

每段梁在积分后有 2 个积分常数，两段共有 4 个积分常数，需利用边界条件和连续条件来确定。在两段梁的连接处（截面 C），左、右两段梁的挠度和转角均应相等，故截面 C 处位移连续条件为

当 $x_1 = x_2 = a$ 时，$y'_1 = y'_2$；

当 $x_1 = x_2 = a$ 时，$y_1 = y_2$。

代入表 8-2 中的式（a_1）、式（a_2）、式（b_1）、式（b_2）得

$$C_1 = C_2 , \quad D_1 = D_2$$

此外，支座 A、B 截面的位移边界条件为

当 $x_1 = 0$ 时，$y_1 = 0$；

当 $x_2 = l$ 时，$y_2 = 0$；

代入式（b_1）、式（b_2）得

$$C_1 = C_2 = \frac{Fb}{6l}(l^2 - b^2) , \quad D_1 = D_2 = 0$$

（4）求梁的转角方程和挠曲线方程。

将积分常数代回式（a_1）、式（a_2）、式（b_1）、式（b_2），即得两段梁的转角方程和挠曲线方程如表 8-3 所示。

表 8-3

AC 段（$0 \leqslant x_1 \leqslant a$）	CB 段（$a \leqslant x_2 \leqslant l$）
$EI\theta_1 = EIy'_1 = \dfrac{Fb}{6l}(l^2 - b^2 - 3x_1^2) \qquad (\mathrm{c}_1)$	$EI\theta_2 = EIy'_2 = -\dfrac{Fb}{6l}(l^2 - b^2 - 3x_2^2) + F\dfrac{(x_2 - a)^2}{2} \qquad (\mathrm{c}_2)$
$EIy_1 = \dfrac{Fbx_1}{6l}(l^2 - b^2 - x_1^2) \qquad (\mathrm{d}_1)$	$EIy_2 = \dfrac{Fbx_2}{6l}(l_2 - b_2 - x_2^2) + F\dfrac{(x_2 - a)^3}{6} \qquad (\mathrm{b}_2)$

（5）求 B 端转角和中点处挠度。

由式（c_2）得

$$\theta = \frac{Fab(l + a)}{6EIl}$$

当 $a > b$ 时，

$$y_{\frac{1}{2}} = -\frac{Fb(3l^2 - 4b^2)}{48EI}$$

8.4.4 用叠加法计算梁的变形

积分法的优点是可以求出任一截面的挠度和转角。但在荷载复杂的情况下，分段多，积分和确定积分常数的运算相当麻烦。而工程中在较多的情况下，并不要整个梁的挠曲线方程。只需要某指定截面的挠度和转角。这时运用叠加法来计算就比积分法方便。

在计算梁的弯矩和建立挠曲线近似微分方程时，曾利用梁的小变形假设和胡克定律，因而所求得的挠度和转角均与载荷成线性关系。这表明，各载荷对位移的影响就是独立的，故当梁上同时受几个载荷作用时，任一截面的转角和挠度，分别等于各载荷单独作用下该截面的转角和挠度的代数和。这就是求荷载位移的叠加法。

表 8-4 列出了几种常见的等直梁在各种简单载荷作用下的挠曲线方程及最大挠度和端截面转角公式，可供用叠加法计算梁的位移时使用。

表 8-4 　　　　　　　　　　梁在简单载荷作用下的变形

序号	梁的简图	挠曲线方程	转角和挠度
1		$y = \dfrac{Fx^2}{6EI}(3l - x)$	$\theta_B = \dfrac{Fl^2}{2EI}$ $y_B = \dfrac{Fl^3}{3EI}$
2		$y = \dfrac{Fx^2}{6EI}(3a - x) \quad 0 \leq x \leq a$ $y = \dfrac{Fa^2}{6EI}(3x - a) \quad a \leq x \leq l$	$\theta_B = \dfrac{Fa^2}{2EI}$ $y_B = \dfrac{Fa^2}{6EI}(3l - a)$
3		$y = \dfrac{qx^2}{24EI}(x^2 - 4lx + 6l^2)$	$\theta_B = \dfrac{ql^3}{6EI}$ $y_B = \dfrac{ql^4}{8EI}$

序号	梁的简图	挠曲线方程	转角和挠度
4		$y = \dfrac{Mx^2}{2EI}$	$\theta_B = \dfrac{Ml}{EI}$ $y_B = \dfrac{Ml^2}{2EI}$
5		$y = \dfrac{Mx^2}{2EI}\quad 0 \leqslant x \leqslant a$ $y = \dfrac{Ma}{EI}\left(x - \dfrac{a}{2}\right)\quad a \leqslant x \leqslant l$	$\theta_B = \dfrac{Ma}{EI}$ $y_B = \dfrac{Ma}{EI}\left(l - \dfrac{a}{2}\right)$
6		$y = \dfrac{Fx}{48EI}(3l^2 - 4x^2)$ $0 \leqslant x \leqslant \dfrac{l}{2}$	$\theta_A = -\theta_B = \dfrac{Fl^2}{16EI}$ $y_C = \dfrac{Fl^3}{48EI}$
7		$y = \dfrac{Fbx}{6EIl}(l^2 - x^2 - b^2)$ $0 \leqslant x \leqslant a$ $y = \dfrac{Fbx}{6EIl}\left[\dfrac{1}{b}(x-a)^3 + x(l^2 - b^2) - x^3\right]$ $a \leqslant x \leqslant l$	$\theta_A = \dfrac{Fab(l+b)}{6EIl}\quad \theta_B = \dfrac{Fab(l+a)}{6EIl}$ 设 $a > b$, 在 $x = \sqrt{\dfrac{l^2 - b^2}{3}}$ 处, $y_{max} = -\dfrac{Fb(l^2 - b^2)^{\frac{3}{2}}}{9\sqrt{3}EIl}$. 在 $x = l/2$ 处, $y_{0.5l} = \dfrac{Fb(3l^2 - 4b^2)}{48EI}$
8		$y = \dfrac{qx}{24EI}(l^3 - 2lx^2 + x^3)$	$\theta_A = -\theta_B = \dfrac{ql^3}{24EI}$ $x = \dfrac{l}{2},\quad y_{max} = \dfrac{5ql^4}{384EI}$
9		$y = \dfrac{Mx}{6EIl}(l-x)(2l-x)$	$\theta_A = \dfrac{Ml}{3EI},\ \theta_B = -\dfrac{Ml}{6EI}$ $x = \left(1 - \dfrac{1}{\sqrt{3}}\right)l,\quad y_{max} = -\dfrac{Ml^2}{9\sqrt{3}EI}$ $x = l/2,\quad y_{0.5l} = \dfrac{Ml^2}{16EI}$

序号	梁的简图	挠曲线方程	转角和挠度
10	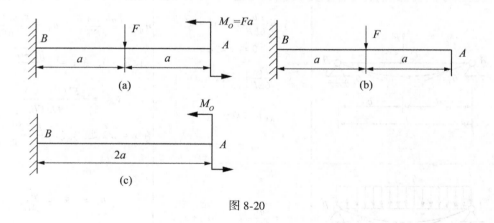	$y = \dfrac{Mx}{6EIl}(l^2 - x^2)$	$\theta_A = \dfrac{Ml}{6EI},\ \theta_B = -\dfrac{Ml}{3EI}$ $x = \dfrac{l}{\sqrt{3}},\quad y_{max} = -\dfrac{Ml^2}{9\sqrt{3}\,EI}$ $x = l/2,\quad y_{0.5l} = \dfrac{Ml^2}{16EI}$
11		$y = -\dfrac{Mx}{6EIl}(l^2 - x^2 - 3b^2)$ $0 \leqslant x \leqslant a$ $y = -\dfrac{M}{6EIl}[-x^3 + 3l(x-a)^2$ $+ (l^2 - 3b^2)x]$ $a \leqslant x \leqslant l$	$\theta_A = -\dfrac{M}{6EIl}(l^2 - 3b^2)$ $\theta_B = -\dfrac{M}{6EIl}(l^2 - 3a^2)$

例 8-7　试用叠加法求图 8-20(a)所示悬臂梁截面 A 的挠度。该梁的抗弯刚度 EI 为常量。

图 8-20

解：梁上有 F 和 M_O 两个外荷载，可分别计算 F 单独作用时和 M_O 单独作用时 A 处的挠度，然后叠加得两载荷同时作用时 A 处的挠度。

(1)当 F 单独作用时(图 8-20(b))，由表 8-4 得

$$(y_A)_F = \frac{Fa^2}{6EI}(3 \times 2a - a) = \frac{5Fa^3}{6EI}$$

(2)当 M_O 单独作用时(图 8-20(c))，由表 8-4 得

$$(y_A)_{M_O} = -\frac{M_O(2a)^2}{2EI} = -\frac{2Fa^3}{EI}$$

(3)叠加后可得 F、M_O 同时作用时的挠度：

$$y_A = (y_A)_p + (y_A)_{M_O} = \frac{5Fa^3}{6EI} - \frac{2Fa^3}{EI} = -\frac{7Fa^3}{6EI}$$

8.4.5　弯曲刚度条件及其应用

在工程中，为了保证梁的正常工作，除了要求梁具有足够的强度外，有时还需要对梁的变形加以限制。例如，轧钢机的轧辊，若弯曲变形过大，轧出的钢板将厚薄不匀，使产品不合格；又如，齿轮传动轴，若变形过大，将影响轮齿的啮合和轴承的配合，造成磨损不匀，严重影响它们的寿命；若是机床主轴，还将严重影响机床的加工精度。所以，对于受弯构件，工程中主要根据不同的技术要求，限制其最大挠度和最大转角不超过规定的数值，即

$$y_{max} \le [y]$$
$$\theta_{max} \le [\theta]$$

式中：$[y]$ 为许用挠度；$[\theta]$ 为许用转角。以上两式称为刚度条件。

许用挠度 $[y]$ 与许用转角 $[\theta]$ 均是根据不同构件的工艺和技术要求确定的，其数值可由有关的设计规范中查得。常用的许用挠度和许用转角数值列于表 8-5 中。

表 8-5　　　　　　　　　　常用的许用挠度、许用转角数值

对挠度的限制		对转角的限制	
轴的类型	许用挠度 $[y]$	轴的类型	许用转角 $[\theta]$（弧度）
一般转动轴	0.0003~0.0005L	滑动轴承	0.001
刚度要求高的轴	0.0002L	向心球轴承	0.005
齿轮轴	0.01~0.03m	圆柱滚子轴承	0.0025
涡轮轴	0.02~0.05m	管锥滚子轴承	0.0016
		安装齿轮的轴	0.001

例 8-8　一车床主轴如图 8-21（a）所示，它可简化为一等截面的空心圆轴，其外径 $D=80mm$，内径 $d=40mm$，$l=400mm$，$a=100mm$，$E=210GPa$，作用的切削力 F_1 为 2kN，齿轮传动力 $F_2=1kN$，主轴的许可变形为：受切削处的挠度不超过 1/10000，轴承 B 处的转角不超过 $l/1000$ 弧度，试校核主轴的刚度。

解：（1）主轴的计算简图如图 8-21（b）所示。轴横截面的惯性矩为：

$$I = \frac{\pi}{64}(D^4 - d^4) = \frac{\pi}{64}(80^4 - 40^4) = 188 \times 10^4 (mm^4)$$

应用叠加法，分解计算 F_1 和 F_2 单独作用时的 θ_B 和 y_C。

（2）F_1 单独作用时，如图 8-21（c）所示，由表 8-4 可得：

$$\theta_{B1} = -\frac{F_1 al}{3EI} = -\frac{2 \times 10^3 \times 100 \times 400}{3 \times 210 \times 10^3 \times 188 \times 10^4}(rad) = -0.676 \times 10^4(rad)$$

153

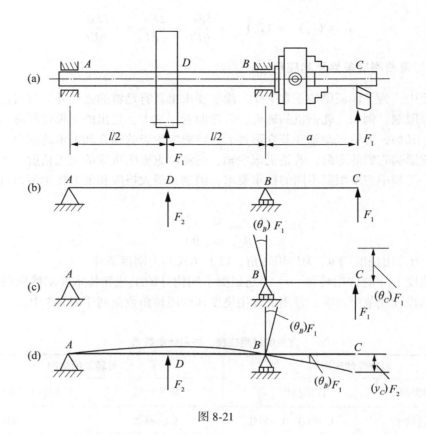

图 8-21

$$y_{C1} = -\frac{F_1 a^2}{3EI}(l+a) = -\frac{2 \times 10^3 \times 100^2}{3 \times 210 \times 10^3 \times 188 \times 10^4}(400+100) = -8.44 \times 10^{-3} (\text{mm})$$

（3）F_2单独作用时，如图 8-21（d）所示，由表 8-4 可得：

$$\theta_{B2} = \frac{F_2 l^2}{16EI} = \frac{1 \times 10^3 \times 400^2}{16 \times 210 \times 10^3 \times 188 \times 10^4}(\text{rad}) = 0.253 \times 10^4 (\text{rad})$$

由于 F_2 作用时，梁 BC 段不受力，变形后仍为直线，故在小变形情况下有：

$$y_{C2} = -\theta_{B2} a = 0.253 \times 10^{-4} \times 100 = 2.53 \times 10^{-3} (\text{mm})$$

（4）F_1，F_2同时作用时的 θ_B 和 y_C 分别为：

$$\theta_B = \theta_{B1} + \theta_{B2} = -0.676 \times 10^{-4} - (-0.253) \times 10^{-4} = -0.423 \times 10^{-4} (\text{rad})$$

$$y_C = y_{C1} + y_{C2} = -8.44 \times 10^{-3} + 2.53 \times 10^{-3} = -5.91 \times 10^{-3} (\text{mm})$$

其许用变形为：

$$[\theta_B] = -\frac{1}{1000} = -10 \times 10^{-4} (\text{rad})$$

$$[y_C] = -\frac{l}{10000} = -\frac{400}{10000} = -40 \times 10^{-3} (\text{mm})$$

因此 $\theta_B < [\theta_B]$，$y_C < [y_C]$，主轴满足刚度条件。

8.5　本章小结

8.5.1　明确两个概念

纯弯曲：直梁弯曲时，若在梁的纵向对称面内只作用力偶而没有力（包括集中力和分布荷载），则梁变形时不产生截面相对错动即剪切变形，只发生弯曲变形，这种弯曲状态成为纯弯曲。

横力弯曲：直梁发生平面弯曲时，一般同时产生剪切变形和弯曲变形，称为横力弯曲。

8.5.2　平面弯曲梁的正应力

梁纯弯曲时横截面上正应力 σ 的计算公式为：

$$\sigma = \frac{My}{I_z}$$

8.5.3　平面弯曲正应力公式与强度计算

由正应力计算公式 $\sigma = \dfrac{My}{I_z}$ 可知，等直梁的最大弯曲正应力发生在最大弯矩所在横截面上距中性轴最远的各点处，即

$$\sigma_{\max} = \frac{M_{\max} y_{\max}}{I_z} = \frac{M_{\max}}{\dfrac{I_z}{y_{\max}}}$$

令 $\dfrac{I_z}{y_{\max}} = W_z$ ，则上式为：

$$\sigma_{\max} = \frac{M_{\max}}{W_z}$$

W_z 称为抗弯截面模量，它只与截面的形状和尺寸有关，常用于衡量截面的抗弯能力。

8.5.4　几种截面的轴惯性矩和抗弯截面系数

（1）实心矩形的惯性矩及抗弯截面系数：

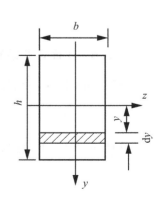

$$I_z = \int_A y^2 \mathrm{d}A = \frac{bh^3}{12}$$

$$\sigma = \frac{My}{I_z}$$

$$\sigma_{t,\,\max} = |\sigma_{c,\,\max}| = \frac{|M|\,|y_{\max}|}{I_z} = \frac{|M|}{W_z}$$

对中性轴 Z 的抗弯截面系数：

$$W_z = \frac{I_z}{|y_{\max}|} = \frac{1}{6}bh^2 \text{（单位为：mm}^3\text{或 m}^3\text{）}$$

（2）空心矩形的惯性矩及抗弯截面系数：

$$I_z = \frac{BH^3}{12} - \frac{bh^3}{12}$$

$$I_y = \frac{B^3H}{12} - \frac{b^3h}{12}$$

$$W_z = \frac{BH^3 - bh^3}{6}$$

（3）实心圆截面的惯性矩及抗弯截面系数：

$$I_p = \int_A \rho^2 \mathrm{d}A = \frac{\pi d^4}{32}$$

$$\rho^2 = y^2 + z^2$$

$$I_p = \int_A (y^2 + z^2)\,\mathrm{d}A = I_y + I_z$$

$$I_y = I_z = \frac{I_p}{2} = \frac{\pi d^4}{64}$$

$$W_z = \frac{\pi d^3}{32}$$

（4）空心圆截面的惯性矩：

$$I_y = I_z = \frac{\pi}{64}(D^4 - d^4) = \frac{\pi D^4}{64}(1 - \alpha^4)$$

$$\alpha = \frac{d}{D}$$

$$W_z = \frac{\pi D^3}{32}(1 - \alpha^4)$$

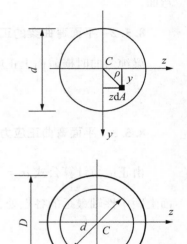

8.5.5　梁的强度条件

梁的正应力强度条件为：

$$\sigma_{\max} = \frac{M_{\max}}{W_z} \leqslant [\sigma]$$

8.5.6　平面弯曲梁的剪应力的计算

横截面上距中性轴为 y 处横截面上各点的剪应力 τ 为：

$$\tau = \frac{F_s S_z^*}{bI_z}$$

矩形截面梁的剪应力为：

$$\tau = \frac{F_s}{2I_z}\left(\frac{h^2}{4} - y^2\right)$$

矩形截面梁的最大剪应力为：

$$\tau_{max} = \frac{3F_s}{2A} \text{。}$$

即矩形截面梁最大剪应力是其平均剪应力的 1.5 倍。

8.5.7 提高弯曲强度的措施

(1)改变加载的方式或加载位置；

(2)改变支座的位置；

(3)选择合理的截面形状；

(4)用变截面梁。

8.5.8 梁的挠度与转角的计算

为了求解梁的挠度与转角，要应用挠曲线近似微分方程：

$$\frac{d^2 y}{dx^2} = -\frac{M}{EI}$$

将挠曲线近似微分方程并对 x 积分一次和两次便可得到梁的挠曲线方程和转角方程：

$$EIy = -\iint M(x)\,dx dx + Cx + D \text{（挠度方程）}$$

$$EI\theta = EIy' = -\int M(x)\,dx + C \text{（转角方程）}$$

通过以上二式结合边界条件便可求得挠度和转角的大小。

8.5.9 用叠加法来求解梁的挠度与转角问题

当梁上同时受几个载荷作用时，任一截面的转角和挠度，分别等于各载荷单独作用下该截面的转角和挠度的代数和。

8.5.10 弯曲刚度条件及其应用

对于受弯构件，工程中主要根据不同的技术要求，限制其最大挠度和最大转角不超过规定的数值，即

$$y_{max} \leq [y]$$
$$\theta_{max} \leq [\theta]$$

式中：$[y]$ 为许用挠度；$[\theta]$ 为许用转角。以上两式称为刚度条件。

第9章 组合变形杆件的强度问题

【**本章要求**】掌握斜弯曲、拉伸(压缩)与弯曲、弯曲与扭转等三种组合变形的外力特点和变形特点；熟练掌握基本变形的应用范围和叠加原理及其应用前提；熟练分析组合变形杆件的应力状态，并学会用适当的强度理论进行强度校核；学会组合变形情况下的变形计算方法。

【**本章重点**】斜弯曲、拉伸(压缩)与弯曲组合变形的应力和强度计算。

9.1 概　　述

在工程实际中，在载荷作用下，许多杆件将产生两种或两种以上的基本变形。杆件在外力作用下同时产生两种或两种以上的同数量级的基本变形的情况称为组合变形。例如，如图 9-1(a)所示的烟囱在自重和风载荷的共同作用下产生的是轴向压缩和弯曲的组合变形；如图 9-1(b)所示的齿轮传动轴在外力的作用下，将同时产生扭转变形及在水平平面和垂直平面内的弯曲变形；如图 9-1(c)所示的排架柱在偏心载荷的作用下将产生轴向压缩和弯曲的组合变形。

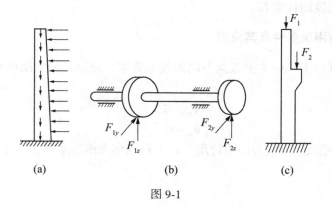

(a)　　　　　　　　　(b)　　　　　　　　　(c)

图 9-1

求解组合变形的关键：

(1)搞清楚基本变形公式的应用范围。这是将组合变形情况分解为几种基本变形的关键。

(2)学会应用叠加原理。

先总结一下基本变形的应用范围。

拉压：外力过截面形心，且平行于轴线，截面形状可以任意。

扭转：外扭矩的作用面垂直于轴线，截面为圆形。

弯曲：中性轴过形心；外力作用于主惯性平面（对称面必为主惯性平面），且垂直于轴线；外力过剪心。

叠加原理的前提：

①材料服从胡克定律，属于物理线性。

②小变形情况，初始尺寸原理成立，属于几何线性。

叠加原理

在材料服从胡克定律且产生小变形的前提下，杆件的内力、应力、变形、位移与外力是线性关系，其控制方程是线性（代数或微分）方程，所以其解答可以叠加。

也就是说，可以将杆件所受的载荷分解为几个简单载荷，使每个简单载荷只产生一种基本变形，分别计算每一种基本变形引起的应力和变形，然后根据具体情况进行叠加，就得到组合变形情况下的应力和变形。据此来确定杆件的危险截面和危险点，并进行强度计算和刚度计算。

叠加原理也叫独立作用原理。因为杆件虽然同时产生几种基本变形，但在上述条件下，每一种基本变形都可以认为是各自独立的，互相不影响这种情况下可应用叠加原理求解组合变形问题。

9.2　斜　弯　曲

我们已经知道，如果外力过剪心或弯曲中心，且作用在主惯性平面内，则在梁变形以后的轴线所在的平面与外力所在的平面重合，这就是平面弯曲。在工程实际中，作用在梁上的横向力有时虽然通过剪心，但并不作用于主惯性平面内，如图 9-2 所示。在这种情况下，杆件将在两个互相垂直的主惯性平面内同时产生弯曲变形，与平面弯曲的情况不同，外力所在的平面与梁变形以后的轴线所在的平面不重合，这种变形称为斜弯曲。

9.2.1　斜弯曲的内力与应力

现以图 9-2 所示的矩形截面梁为例，说明斜弯曲时的内力与应力的分析方法。作用在杆端截面上的横向力 F 通过截面形心（此时形心与剪心重合）并与 y 轴夹角为 φ。因为外力虽然通过剪心，但不作用于主惯性平面内，不能够直接应用平面弯曲时的梁正应力公式。所以，首先将 F 沿截面的两个主惯性轴 y 轴和 z 轴方向分解为两个分力。并将每一个力及其相应的约束反力，看作为一组力。在每一组力作用下，梁将在相应的主惯性平面内发生平面弯曲，并可以应用平面弯曲时的梁的正应力公式求出任意横截面上的正应力。然后由叠加原理，就可以求得斜弯曲时任意横截面上的正应力了。至于切应力通常都很小，可以不予考虑。为了使推导的公式能够正确表示应力的符号和大小。在推导公式时适当选取右手坐标系使得所有的量均为正。例如选取如图 9-2 所示的坐标系，并使得力 F 在第一象限，从而两个分力 F_z 和 F_y 都是正的；选取横截面上第一象限的点 $C(y,z)$ 为所求正应力的点，因而其坐标 y 和 z 均为正。现在将 F 沿截面的两个主惯性轴 y 轴和 z 轴方向分解为：

$$F_y = F\cos\varphi, \quad F_z = F\sin\varphi$$

在距离固定端为 x 的横截面上，由 F_z 和 F_y 产生的内力分别为：

$$M_y = F_z(l - x) = F\cos\varphi(l - x) = M\cos\varphi$$

$$M_z = F_v(l - x) = F\sin\varphi(l - x) = M\sin\varphi$$

在距离固定端为 x 的横截面上任一点 $C(y, z)$ 处的正应力可以按叠加原理求出。在 xz 和 xz 平面发生平面弯曲时，$C(y, z)$ 处的正应力分别以 σ_1 和 σ_2 表示：

$$\sigma' = -\frac{M_y z}{I_v} = -\frac{M\cos\varphi \cdot z}{I_v}, \quad \sigma'' = -\frac{M_z y}{I_z} = -\frac{M\sin\varphi \cdot y}{I_z}$$

由叠加原理可知，在距离固定端为 x 的横截面上任一点 $C(y, z)$ 处的正应力为：

$$\sigma = \sigma' + \sigma'' = -M\left(\frac{\cos\varphi}{I_v}z + \frac{\sin\varphi}{I_z}y\right) \tag{9-1}$$

对于横截面为圆形的杆件，只要外力过形心（即剪心）且垂直于轴线，不管作用在哪个方向的纵向平面内都属于平面弯曲，可以直接按平面弯曲时的梁正应力公式计算应力。所以，斜弯曲的概念，并不是指力倾斜了，而是指外力所作用的平面，与梁变形后轴线所在平面是否重合。

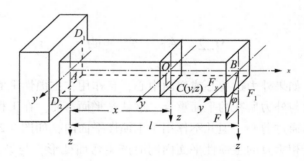

图 9-2

9. 2. 2 斜弯曲时的强度条件

进行强度计算时，首先要确定危险截面和危险点的位置。对于如图 9-2 所示的悬臂梁而言，当 $x = 0$ 时，M_y 和 M_z 同时为最大值，因此固定端截面为危险截面，其相应的弯矩分别为：

$$M_{ymax} = Fl\cos\varphi, \quad M_{zmax} = Fl\sin\varphi$$

危险截面上的最大应力点就是梁的危险点。由于危险点发生在距中性轴最远处，因此通常需先确定中性轴的位置。但对于具有两个对称轴且有凸角的矩形截面梁，可直接根据梁的变形来判断危险点的位置，而无需先确定中性轴的位置。如图 9-2 所示，D_1 和 D_2 两点分别为全梁的最大拉应力点和最大压应力点，最大拉应力 σ_{tmax} 和最大压应力 σ_{cmax} 的计算公式为：

$$\left.\begin{aligned} \sigma_{\text{tmax}} &= \frac{M_{y\text{max}}z_{\text{max}}}{I_y} + \frac{M_{z\text{max}}y_{\text{max}}}{I_z} \\ \sigma_{\text{cmax}} &= -\left(\frac{M_{y\text{max}}z_{\text{max}}}{I_v} + \frac{M_{z\text{max}}y_{\text{max}}}{I_z}\right) \end{aligned}\right\}$$ (9-2)

或

$$\left.\begin{aligned} \sigma_{\text{tmax}} &= \frac{M_{y\text{max}}}{W_y} + \frac{M_{z\text{max}}}{W_z} \\ \sigma_{\text{cmax}} &= -\left(\frac{M_{y\text{max}}}{W_v} + \frac{M_{z\text{max}}}{W_z}\right) \end{aligned}\right\}$$ (9-3)

由于危险点处只有正应力，因此仍是单向应力状态，故斜弯曲时梁的强度条件为：

$$\sigma_{\text{max}} \leqslant [\sigma]$$ (9-4)

对于抗拉和抗压强度不同的材料，应分别校核，即

$$\left.\begin{aligned} \sigma_{\text{tmax}} &\leqslant [\sigma_t] \\ \sigma_{\text{cmax}} &\leqslant [\sigma_c] \end{aligned}\right\}$$ (9-5)

9.2.3　斜弯曲时的变形

仍以图 9-2 所示的矩形截面梁为例说明斜弯曲变形的特点。悬臂梁自由端因 F_y 引起的挠度 W_y 和 F_z 引起的挠度 w_z 分别为：

$$w_y = \frac{F_y l^3}{3EI_z} = \frac{F\sin\varphi\, l^3}{3EI_z}, \quad w_z = \frac{F_z l^3}{3EI_y} = \frac{F\cos\varphi\, l^3}{3EI_y}$$

根据叠加原理，自由端因力 F 引起的总挠度就是 w_y 和 w_z 的矢量和，其大小为：

$$w = \sqrt{w_y^2 + w_z^2}$$ (9-6)

斜弯曲时梁的刚度条件为：

$$w_{\text{max}} \leqslant [w]$$ (9-7)

例 9-1　矩形截面木檩条，尺寸及受载情况如图 9-3 所示。已知木材许用拉应力 $[\sigma]$ = 10Mpa，许用挠度 $[w]$ = $l/200$，弹性模量 E = 10GPa。校核其强度和刚度。

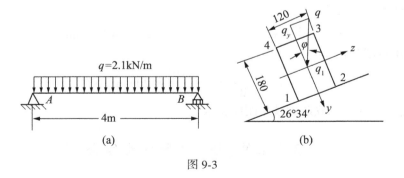

图 9-3

解：（1）内力分析。根据梁所受外力的特点可知梁产生双向弯曲。因此将 q 沿两对称轴分解为：

$$q_y = q\cos\varphi, \quad q_z = q\sin\varphi$$

则 $M_{z\max}$ 和 $M_{y\max}$ 分别为:

$$M_{z\max} = \frac{1}{8}q_y l^2 = \frac{1}{8} \times 2.1 \times \cos26°34' \times 4^2 = 3.76\mathrm{kN} \cdot \mathrm{m}$$

$$M_{y\max} = \frac{1}{8}q_y l^2 = \frac{1}{8} \times 2.1 \times \sin26°34' \times 4^2 = 1.88\mathrm{kN} \cdot \mathrm{m}$$

它们均发生在梁的跨中截面。

(2)确定危险点位置,计算危险点的正应力。在 $M_{z\max}$ 和 $M_{y\max}$ 的共同作用下,跨中截面上的点 1 和点 3 分别为梁的最大拉应力点和最大压应力点,且两危险点应力的数值相等,其值为:

$$\sigma_{t\max} = \mid \sigma_{c\max} \mid = \frac{M_{y\max}}{W_y} + \frac{M_{z\max}}{W_z} = \frac{1.88 \times 10^3 \times 6}{0.18 \times 0.12^2} + \frac{3.76 \times 10^3 \times 6}{0.12 \times 0.18^2}$$

$$= 10.15\mathrm{Mpa}$$

(3)强度校核。危险点处正应力为:

$$\sigma_{t\max} = \mid \sigma_{c\max} \mid = 10.15\mathrm{Mpa} > [\sigma] = 10\mathrm{Mpa}$$

但

$$\frac{\sigma_{\max} - [\sigma]}{[\sigma]} = \frac{10.15 - 10}{10} = 1.5\% < 5\%$$

因此满足强度要求。

(4)计算最大挠度,进行刚度校核:

$$W_{y\max} = \frac{5q_y l^4}{384EI_z} = \frac{5ql^4\cos\varphi}{384EI_z}$$

$$= \frac{5 \times 2.1 \times 10^3 \times 4^4 \times 0.894 \times 12}{384 \times 10 \times 10^9 \times 0.12 \times 0.18^3} = 0.0107\mathrm{m} = 10.7\mathrm{mm}$$

$$W_{z\max} = \frac{5q_z l^4}{384EI_y} = \frac{5ql^4\sin\varphi}{384EI_y}$$

$$= \frac{5 \times 2.1 \times 10^3 \times 4^4 \times 0.447 \times 12}{384 \times 10 \times 10^9 \times 0.12^3 \times 0.18} = 0.0121\mathrm{m} = 12.1\mathrm{mm}$$

则跨中横截面的总挠度为:

$$w = \sqrt{w_{y\max}^2 + w_{z\max}^2} + \sqrt{10.7^2 + 12.1^2} = 16.2\mathrm{mm}$$

梁的许用挠度为:

$$[w] = \frac{l}{200} = \frac{4 \times 10^3}{200} = 20\mathrm{mm}$$

由于 $w_{\max} < [w]$,故该梁满足刚度要求。

9.3 拉伸(压缩)和弯曲组合

9.3.1 轴向力与横向力共同作用的情况

如图 9-4 所示三角架中的 AB 杆,在支座反力 F_{Ay}、F_{Cy} 和杆端载荷 F 三个横向力的作用下产生平面弯曲，其中 AC 段在轴向力 F_{Ax}、F_{Cx} 作用下还将产生轴向拉伸，故 AC 杆段为弯曲与拉伸的组合变形。对于细长的实心截面杆件，剪力引起的切应力比较小，一般不予考虑，只考虑轴力和弯矩。由如图 9-4(c)、图 9-4(d) 所示的内力图可知，在此杆段内轴力为常数，弯矩最大的 C 的左邻截面为危险截面。轴力 F_N 在危险截面上引起均匀分布的拉应力为 $\sigma_1 = \dfrac{F_N}{A}$，如图 9-4(e) 所示；弯矩 M 在危险截面的上边缘引起最大拉应力为 $\sigma_2 = \dfrac{M_{max}}{W}$，如图 9-4(f) 所示。由叠加原理可知，$C$ 的左邻截面上边缘各点为危险点，最大拉应力发生在 a 点，即 a 为危险点，如图 9-4(g) 所示。危险点处的应力为：

$$\sigma_{max} = \frac{F_N}{A} + \frac{M_{max}}{W} \tag{9-8}$$

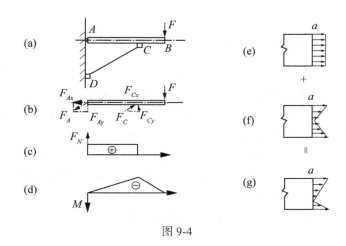

图 9-4

根据上述分析可知，弯曲与拉伸(压缩)组合变形时，杆的正应力危险点处的切应力也为零，即危险点为单向应力状态，故其强度条件为：

$$\sigma_{max} \leq [\sigma] \tag{9-9}$$

例 9-2 矩形截面简支梁尺寸及受载如图 9-5 所示。已知 $q = 30\text{kN/m}$，$F = 500\text{kN}$，梁的跨度 $l = 4\text{m}$。求梁内最大正应力。

解：根据梁的受力特点，跨中截面为危险截面。该截面的弯矩和轴力分别为

$$M = \frac{1}{8}ql^2 = \frac{1}{8} \times 30 \times 4^2 = 60(\text{kN} \cdot \text{m})$$

$$F_N = F = 500\text{kN}$$

故最大正应力为

$$\sigma_{max} = \frac{F_N}{A} + \frac{M}{W_z} = \frac{F_N}{A} + \frac{6M}{bh^2} = \frac{500 \times 10^3}{0.1 \times 0.15} + \frac{6 \times 60 \times 10^3}{0.1 \times 0.15^2} = 193.3(\text{MPa})$$

值得注意的是，梁受力变形后，横向力已经改变了轴向力的作用，轴向力不仅对横截面产生轴力，也产生了附加的弯矩。横向力和轴向力已经不是独立作用，因而这类纵横弯

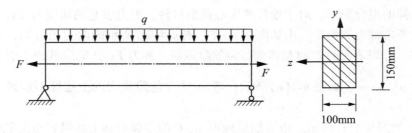

图 9-5

曲的问题，一般不能够应用叠加原理。在本题中，因为轴向力为拉力，它使横向力引起是弯矩减少。所以这里的计算是偏于安全一面的。如果将拉力改为压力，就不能够应用叠加原理了。

9.3.2 偏心力引起的弯曲与拉伸(压缩)的组合

作用线平行于杆轴线但不相重合的纵向力称为偏心力。图 9-6(a)中偏心纵向力 F 作用在杆横截面上任一点处，该点距横截面两条对称轴的距离分别为 y_F、z_F。为了将偏心力分解为基本受力形式，可将力 F 向横截面形心简化。简化后得到 3 个载荷：轴向压力 F、作用于 xOz 平面内的力偶 m_y 和作用于 xOy 平面内的力偶 m_z，如图 9-6(b)所示。在这些载荷的共同作用下杆件的变形是轴向压缩与斜弯曲的组合。横截面上的内力有：轴力 F_N、弯矩 M_y 和弯矩 M_z。由于在杆的所有横截面上，轴力和弯矩都保持不变，因此任一横截面都可视为危险截面，内力图也可不画。

下面进一步分析杆件横截面上的应力。轴向力 F_N 在横截面上引起均匀分布的正应力 σ'，如图 9-6(c)所示。

$$\sigma' = \frac{F_N}{A} = -\frac{F}{A} \tag{9-10a}$$

弯矩 M_y 在横截面上引起的正应力 σ'' 沿 z 轴成直线分布，如图 9-6(d)所示。

$$\sigma'' = \pm \frac{M_y z}{I_y} = \pm \frac{F z_F z}{I_y} \tag{9-10b}$$

弯矩 M_z 在横截面上引起的正应力 σ''' 沿 y 轴成直线分布，如图 9-6(e)所示。

$$\sigma''' = \pm \frac{M_z y}{I_z} = \pm \frac{F y_F y}{I_z} \tag{9-10c}$$

按叠加原理，横截面上某一点处的正应力为

$$\sigma = \sigma' + \sigma'' + \sigma''' = -\frac{F_N}{A} \pm \frac{M_y z}{I_y} \pm \frac{M_z y}{I_z} = -\frac{F_N}{A} \pm \frac{F z_F z}{I_y} \pm \frac{F y_F y}{I_z}$$

由于偏心力作用下各杆横截面上的内力、应力均相同，故任一横截面上的内力、应力均相同，故任一横截面上的最大正应力点即是杆的危险点。而确定危险点的位置首先要确定中性轴的位置。对于具有两个对称轴且有凸角的横截面，如矩形截面，其最大正应力发生在横截面的凸角点处，如图 9-6(c)所示。最大拉应力发生在点 4 处，最大压应力发生

在点 2 处，对应的计算式为

$$\sigma_{\text{tmax}} = -\frac{F_N}{A} + \frac{M_y}{W_y} + \frac{M_z}{W_z}$$

$$\sigma_{\text{cmax}} = -\frac{F_N}{A} + \frac{M_y}{W_y} + \frac{M_z}{W_z}$$

对于横截面具有两条对称轴的其他等直杆，由中性轴的定义可知中性轴上各点的正应力等于零，即

$$\sigma = -\left(\frac{F}{A} + \frac{Fz_F z}{I_y} + \frac{Fy_F y}{I_z}\right) = 0$$

将 $I_y = Ai_y^2$，$I_z = Ai_z^2$ 代入上式并两边同除 $\frac{F}{A}$ 得

$$1 + \frac{z_F z}{i_y^2} + \frac{y_F y}{i_z^2} = 0$$

可见中性轴是一条不通过截面形心的直线。将 $z = 0$ 和 $y = 0$ 分别代入上式，可得中性轴在 y、z 轴上的截距 a_y、a_z 分别为

$$a_y = -\frac{i_z^2}{y_F}, \quad a_z = -\frac{i_y^2}{z_F}$$

该式表明，a_y 与 y_F 符号相反，a_z 与 z_F 符号相反。因此，中性轴与外力作用点分别处于截面形心的两侧。

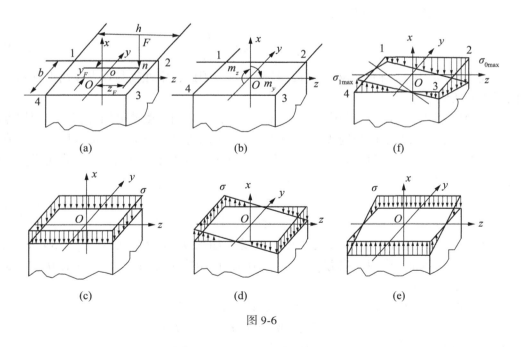

图 9-6

按叠加原理，横截面上某一点处的正应力为

$$\sigma = \sigma' + \sigma'' + \sigma''' = -\frac{F_N}{A} \pm \frac{M_y z}{I_y} \pm \frac{M_z y}{I_z} = -\frac{F_N}{A} \pm \frac{F z_F z}{I_y} \pm \frac{F y_F y}{I_z} \qquad (9\text{-}11)$$

由于偏心力作用下各杆横截面上的内力、应力均相同,故任一截面上的最大正应力点即是杆的危险点。而确定危险点的位置首先要确定中性轴的位置。对于具有两个对称轴且有凸角的横截面,如矩形截面,其最大正应力发生在横截面的凸角点处,如图 9-6(c)所示。最大拉应力发生在点 A 处,最大压应力发生在点 4 处,最大压应力发生在点 2 处,对应的计算式为

$$\sigma_{tmax} = -\frac{F_N}{A} + \frac{M_y}{W_y} + \frac{M_z}{W_z} \qquad (9\text{-}12)$$

$$\sigma_{cmax} = -\frac{F_N}{A} - \frac{M_y}{W_y} - \frac{M_z}{W_z} \qquad (9\text{-}13)$$

对于横截面具有两条对称轴的其他等直杆,由中性轴的定义可知中性轴上各点的正应力等于零,即

$$\sigma = -\left(\frac{F}{A} + \frac{F z_F z}{I_y} + \frac{F y_F y}{I_z}\right) = 0 \qquad (9\text{-}14)$$

将 $I_y = A i_y^2$, $I_z = A i_z^2$ 代入上式并两边同除 F/A 得

$$1 + \frac{z_F z}{i_y^2} + \frac{y_F y}{i_z^2} = 0 \qquad (9\text{-}15)$$

中性轴是一条不通过截面形心的直线。将 $z = 0$ 和 $y = 0$ 分别代入上式,可得中性轴在 y 轴、z 轴上的截距 a_y、a_z 分别为

$$a_y = -\frac{i_z^2}{y_F}, \quad a_z = -\frac{i_y^2}{z_F} \qquad (9\text{-}16)$$

该式表明,a_y 与 y_F 符号相反,a_z 与 z_F 符号相反。因此,中性轴与外力作用点分别处于截面形心的两侧。

中性轴确定以后,作两条与中性轴平行的直线,使它们与横截面周边相切,则切点就是危险点。将危险点的坐标分别代入式(9-14),即可求得最大拉应力和最大压应力的值。

由以上分析可知,危险点处只有正应力,是单向应力状态。因此偏心力作用下杆件的强度条件为

$$\left.\begin{array}{l}\sigma_{tmax} \leqslant [\sigma_t] \\ \sigma_{cmax} \leqslant [\sigma_c]\end{array}\right\} \qquad (9\text{-}17)$$

例 9-3 校核松木矩形截面柱的强度,柱受力如图 9-7 所示。已知 $F_1 = 50\text{kN}$,$F_2 = 5\text{kN}$,偏心距 $e = 2\text{cm}$,许用压应力 $[\sigma_c] = 12\text{MPa}$,许用拉应力 $[\sigma_t] = 10\text{MPa}$,$H = 1.2\text{m}$,$b = 12\text{cm}$,$h = 12\text{cm}$。

解: 由图 9-7 可知,固定端截面为危险截面。其上内力有

$$F_N = -F_1, \quad M_y = F_2 H, \quad M_z = F_1 e$$

根据柱的变形特点可知,最大压应力发生 D 点,大小为

$$|\sigma_{cmax}| = |\sigma_D| = \left|-\left(\frac{F_1}{A} + \frac{F_1 e}{W_z} + \frac{F_2 H}{W_y}\right)\right|$$

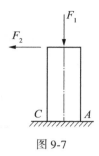

图 9-7

$$= \frac{50 \times 10^3}{0.12 \times 0.20} + \frac{50 \times 10^3 \times 0.02 \times 6}{0.2 \times 0.12^2} + \frac{50 \times 10^3 \times 1.2 \times 6}{0.2^2 \times 0.12}$$

$$= 11.66(\text{MPa}) < [\sigma_c] = 12\text{MPa}$$

最大拉应力发生 A 点，大小为

$$\sigma_{\max}^+ = \sigma_A = -\frac{F_1}{A} + \frac{F_1 e}{W_z} + \frac{F_2 H}{W_y}$$

$$= -\frac{50 \times 10^3}{0.12 \times 0.20} + \frac{50 \times 10^3 \times 0.02 \times 6}{0.2 \times 0.12^2} + \frac{50 \times 10^3 \times 1.2 \times 6}{0.2^2 \times 0.12}$$

$$= -2.083 + 2.083 + 7.5 = 7.5(\text{MPa}) < [\sigma_t] = 10\text{MPa}$$

故该松木的强度满足要求。

9.3.3 截面核心

由式(9-16)可知，当横截面的形状、尺寸一定时，偏心力 F 的偏心距越小，中性轴在坐标轴上的截距就越大。当偏心力的作用点距截面形心近到一定程度时，中性轴将移至截面以外，此时横截面上就只有拉应力或只有压应力。因此当偏心力的作用点位于截面形心附近某一区域内时，杆的横截面上只产生一种符号的正应力，这一区域称为截面核心。

当外力作用在截面核心的边界上时，与此对应的中性轴就正好与截面的周边相切。利用这一关系可确定截面核心的边界公式如下：

$$y_F = \frac{i_z^2}{a_y}, \quad z_F = -\frac{i_y^2}{a_z} \tag{9-18}$$

现以图 9-8 所示矩形截面为例说明截面核心的确定方法。所示边长为 b 和 h 的矩形截面，两对称轴分别为 y、z。先将与 AB 边相切的直线①视为中性轴，其在 y、z 轴上的截距分别为

$$a_{y1} = \frac{h}{2}, \quad a_{z1} = \infty$$

将矩形截面的惯性半径 $i_y^2 = \frac{b^2}{12}$，$i_z^2 = \frac{h^2}{12}$，和上式代入(9-16)式，就可得到与中性轴对应的截面核心边界上的点 1 的坐标

$$y_{F1} = -\frac{i_z^2}{a_{y1}} = -\frac{\dfrac{h^2}{12}}{\dfrac{h}{2}} = -\frac{h}{6}, \quad z_{F1} = -\frac{i_y^2}{a_{z1}} = 0$$

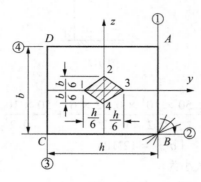

图 9-8

同理，分别将与 BC、CD、DA 边相切的直线②、③、④视为中性轴，可求得对应的截面核心边上点 2、3、4 的坐标依次为：

$$y_{F2} = 0, \quad z_{F2} = \frac{b}{6}; \quad y_{F3} = \frac{h}{6}, \quad z_{F3} = 0; \quad y_{F4} = 0, \quad z_{F4} = \frac{b}{6}$$

从而得到截面核心上的 4 个点。为确定此四点中相邻两点间的核心边界，则应研究当中性轴从截面的一个侧边绕截面的顶点旋转到相邻边时，相应的外力作用点移动的轨迹。例如当中性轴绕顶点 B 从直线①旋转到直线②时，将得到一系列通过 B 点但斜率不同的中性轴，而 B 点的坐标是这一系列中性轴所共有的。将其代入方程(9.15)，改写后为

$$1 + \frac{z_B}{i_y^2}z_F + \frac{y_B}{i_z^2}y_F = 0$$

式中：i_y^2、i_z^2、y_B、z_B 均为常数，因此它可看做是表示外力作用点坐标 y_F 和 z_F 之间关系的直线方程。即当中性轴绕 B 点转动时，相应的外力作用点移动的轨迹是一条连接点 1、2 的直线。同理，2、3 点之间，3、4 点之间，4、1 点之间均为直线。于是得到矩形截面的截面核心，它是一个位于截面中央的菱形，其对角线长度分别为 $h/3$ 和 $b/3$。

9.4 弯曲和扭转组合

机械中的传动轴通常发生扭转与弯曲的组合变形。由于传动轴大都是圆形截面，因此以圆截面杆为例，讨论圆轴发生弯曲与扭转组合变形时的强度计算。

9.4.1 弯曲与扭转组合变形的内力和应力

如图 9-9(a)所示，一直径为 d 的等直圆杆 AB，B 端具有与 AB 成直角的刚臂，并承受铅垂力 F 作用。将力 F 向 AB 杆右端截面的形心 B 简化，简化后得一作用于 B 端的横向力 F 和一作用于杆端截面内的力偶矩 $M_e = Fa$（图 9-9(b)）。横向力 F 使 AB 杆产生平面弯曲，

力偶 M_e 使 AB 杆产生扭转变形，对应的内力图如图9-9（c）、图9-9（d）所示。由于固定端截面的弯矩 M 和扭矩 T 都最大，因此 AB 杆的危险截面为固定端截面，其内力分别为

$$M = Fl \ , \ T = Fa \tag{9-19}$$

现分析危险截面上应力的分布情况。与弯矩 M 对应的正应力分布见图9-9（e），在危险截面铅垂直径的上下两端的 C_1 和 C_2 处分别有最大的拉应力 $\sigma_{\max}^+$ 和最大的压应力 $\sigma_{\max}^-$。与扭矩 T 对应的切应力分布见图9-9（f），在危险截面的周边各点处有最大的切应力 $\tau_{\max}$。因此，C_1 和 C_2 就是危险截面上的危险点（对于许用拉、压应力相同的塑性材料制成的杆，这两点的危险程度是相同的）。分析 C_1 点的应力状态，如图9-9（g）所示，可知 C_1 点处与平面应力状态。

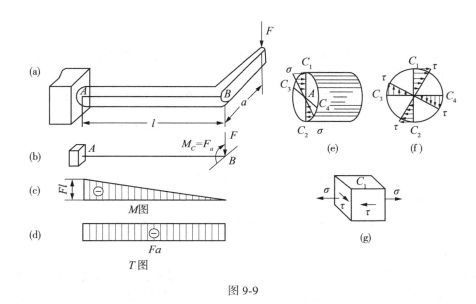

图 9-9

9.4.2 弯曲与扭转组合变形的强度条件

由于危险点是平面应力状态，故应当按强度理论的概念建立强度条件。对于用塑性材料制成的杆件，选用第三或第四强度理论。

$$\sigma_{r3} = \sqrt{\sigma_{\max}^2 + 4\tau_{\max}^2} \tag{9-20}$$

$$\sigma_{r4} = \sqrt{\sigma_{\max}^2 + 3\tau_{\max}^2} \tag{9-21}$$

将 $\sigma_{\max} = \dfrac{M}{W}$，$\tau_{\max} = \dfrac{T}{W_P}$ 代入上式，并注意到圆截面杆 $W_P = 2W$，相应的相当应力表达式改为

$$\sigma_{r3} = \frac{1}{W}\sqrt{M^2 + T^2} \tag{9-22}$$

$$\sigma_{r4} = \frac{1}{W}\sqrt{M^2 + 0.75T^2} \tag{9-23}$$

例 9-4 如图9-10所示钢制圆截面折杆 ABC，其直径 $d = 100\text{mm}$，AB 杆长2m，材料

的许用应力 $[\sigma] = 135\text{MPa}$。不计杆横截面上的剪力影响，试按第三强度理论校核 AB 轴的强度。

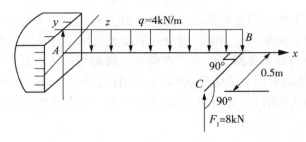

图 9-10

解：将力 F 向 B 点平移后可知，AB 杆 B 端的等效荷载有两个：竖向力 F 和外力偶 $F \cdot BC$。因此 AB 段产生弯扭组合变形。

对 AB 杆进行内力分析可知，最大弯矩发生在距 B 截面 2m 处，其大小为

$$M_{z\max} = 8 \times 2 - \frac{1}{2} \times 4 \times 2 \times 2 = 8\text{kN} \cdot \text{m}$$

整段杆扭矩都相同，大小为

$$T = F_1 \times 0.5 = 8 \times 0.5 = 4\text{kN} \cdot \text{m}$$

由第三强度理论有

$$\sigma_{r3} = \frac{1}{W}\sqrt{M^2 + T^2} = \frac{32}{\pi \times 0.1^3}\sqrt{4^2 + 8^2} \times 10^3 = 91.1\text{MPa} < [\sigma]$$

故 AB 轴的强度满足要求。

例 9-5 试根据第三强度理论确定图 9-11 所示手摇卷扬机能起吊的最大容许载荷 $F = F_2$ 的数值。已知机轴的横截面为直径 $d = 30\text{mm}$ 的圆形，材料的容许应力 $[\sigma] = 160\text{MPa}$。

解：（1）在力 F 作用下，机轴将同时发生扭转变形和弯曲变形。跨中截面的内力有：

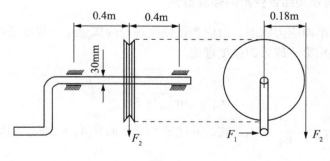

图 9-11

$$T = F \times 0.18 = 0.18F$$

$$M = \frac{F \times 0.8}{4} = 0.2F$$

$$F_s = \frac{F}{2} = 0.5F$$

（2）截面几何性质

$$W = \frac{\pi d^3}{32} = \frac{\pi \times 30^3}{32} = 2650 \text{mm}^3$$

$$W_p = 2W = 5300 \text{mm}^3$$

$$A = \frac{\pi d^2}{4} = \frac{\pi \times 30^2}{4} = 707 \text{mm}^2$$

（3）应力的计算

$$\tau_n = \frac{T}{W_p} = \frac{0.18F}{5300 \times 10^{-9}} = 0.034F$$

$$\tau_{F_s} = \frac{4F_s}{3A} = \frac{4 \times 0.5F}{3 \times 707 \times 10^{-6}} = 0.001F$$

$$\sigma = \frac{M}{W} = \frac{0.2F}{2650 \times 10^{-9}} = 0.076F$$

由此可见，剪力引起的切应力很小，可以忽略不计。

（4）根据第三强度理论确定容许载荷

$$\sigma_{r3} = \sqrt{\sigma^2 + 4\tau_n^2} = \sqrt{(0.076F)^2 + 4 \times (0.034F)^2} = 0.102F \leqslant [\sigma]$$

即

$$F \leqslant \frac{160}{0.102} = 1570 \text{N} = 1.57 \text{KN}$$

9.5 本章小结

9.5.1 组合变形的概念及组合变形的计算方法

1. 组合变形的概念

杆件在外力作用下同时产生两种或两种以上的同数量级的基本变形的情况称为组合变形。

2. 组合变形的计算方法

将杆件所受的载荷分解为几个简单载荷，使每个简单载荷只产生一种基本变形，分别计算每一种基本变形引起的应力和变形，然后根据具体情况进行叠加，就得到组合变形情况下的应力和变形。

9.5.2 斜弯曲

1. 平面弯曲的概念

外力过剪心或弯曲中心，且作用在主惯性平面内，则在梁变形以后的轴线所在的平面与外力所在的平面重合。

2. 斜弯曲的概念

外力所在的平面与梁变形以后的轴线所在的平面不重合，这种变形称为斜弯曲。

3. 斜弯曲的应力

$$\sigma = \sigma' + \sigma'' = -M\left(\frac{\cos\varphi}{I_y}z + \frac{\sin\varphi}{I_z}y\right)$$

4. 斜弯曲的强度条件

$$\sigma_{\max} \leqslant [\sigma]$$

5. 斜弯曲的挠度

$$w = \sqrt{w_y^2 + w_z^2}$$

其中，$w_y = \dfrac{F_y l^3}{3EI_z} = \dfrac{F\sin\varphi\, l^3}{3EI_z}$; $w_z = \dfrac{F_z l^3}{3EI_y} = \dfrac{F\cos\varphi\, l^3}{3EI_y}$.

6. 斜弯曲的刚度条件

$$w_{\max} \leqslant [w]$$

9.5.3 拉伸或压缩与弯曲的组合

1. 轴向力与横向力组合的应力

$$\sigma_{\max} = \frac{F_N}{A} + \frac{M_{\max}}{W}$$

2. 轴向力与横向力组合的应力条件

$$\sigma_{\max} \leqslant [\sigma]$$

3. 偏心力引起的弯曲与拉伸(压缩)组合的应力

$$\sigma = \sigma' + \sigma'' + \sigma''' = -\frac{F_N}{A} \pm \frac{M_y z}{I_y} \pm \frac{M_z y}{I_z} = -\frac{F_N}{A} \pm \frac{F z_F z}{I_y} \pm \frac{F y_F y}{I_z}$$

4. 偏心力引起的弯曲与拉伸(压缩)组合的应力条件

$$\sigma_{t\max} \leqslant [\sigma_t]$$

$$\sigma_{c\max} \leqslant [\sigma_c]$$

5. 截面核心的概念

当偏心力的作用点位于截面形心附近某一区域内时，杆的横截面上只产生一种符号的正应力，这一区域称为截面核心。

第 10 章　应力状态与强度理论

【本章要求】掌握单元体和应力状态的概念、二向应力状态分析的方法及常用的强度理论。

【本章重点】应力状态的概念、二向应力状态下任一点应力计算公式。

10.1　应力状态的概念

10.1.1　一点处的应力状态

在工程中，只知道杆件横截面上的应力是不够的，因为有许多破坏现象需要用斜截面上的应力加以解释。例如，低碳钢试样拉伸至屈服时，表面会出现与轴线成45°角的滑移线；铸铁试样压缩时，沿与轴线成45°~55°角的斜截面破坏且断口呈错动光滑状；铸铁圆轴扭转时，沿45°螺旋面破坏，断口呈粗糙颗粒状。这些破坏现象表明斜截面上也存在着应力，有时还比较大，致使杆件首先沿斜截面破坏。另外，还会遇到一些受力复杂杆件的强度计算，这些杆件的危险点处同时存在着较大的正应力和切应力，杆件的破坏是由危险点处的正应力与切应力共同作用的结果，这就需要在分析一点处应力状态的基础上建立新的强度准则。

如上所述，为了分析失效现象以及解决复杂受力构件的强度问题，必须首先研究通过受力构件内一点处所有截面上应力的变化规律。通过受力构件内一点处各个不同方向截面上应力的大小和方向情况，称为一点处的应力状态。

10.1.2　应力状态的表示方法

为了研究一点处的应力状态，可围绕该点截取单元体。由于单元体各边边长均为无穷小，故可以认为单元体各面上的应力是均匀分布的，并且每对互相平行的平面上的应力大小相等。如果知道了单元体的 3 个互相垂直平面上的应力，其他任意截面上的应力都可以通过截面法求得，则该点处的应力状态就可以确定了。因此，可用单元体的 3 个互相垂直平面上的应力来表示一点处的应力状态。

下面举例说明单元体的截取方法。例如，在轴向拉伸杆内任一点处(图 10-1(a))，取出单元体(图 10-1(b))，其左、右两个面为横截面，该面上只有正应力 $\sigma = F/A$，其余上、下与前、后四个面均平行于杆轴线，在这些面上都没有应力。因此单元体也可简化为平面图形(图 10-1(c))。承受横力弯曲的矩形截面梁(图 10-2(a))，在梁的上边缘 A 点、中性层上 B 点及任一点 C 处，用同样的方法截取 3 个单元体(图 10-2(b)、图 10-2(c)、图10-2(d))，由切应力互等定理可知，上、下面上也存在切应力 $\tau' = \tau$，前、后面上没有应力。

图 10-2(e)、图 10-2(f)、图 10-2(g)分别为 3 个单元体的简化图形。受扭的圆轴(图 10-3(a)),其表层内任一点 A 处的单元体可用一对横截面、一对径向截面及一对同轴圆柱面来截取(图 10-3(b));由切应力互等定理可知,径向截面上也存在切应力 $\tau'=\tau$。图 10-3(c)为单元体的简化图形。

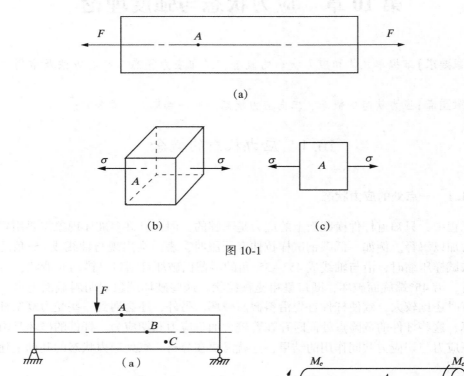

图 10-1

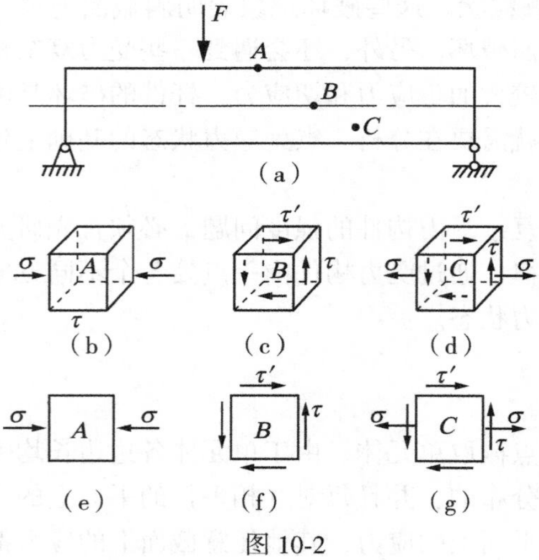

图 10-2

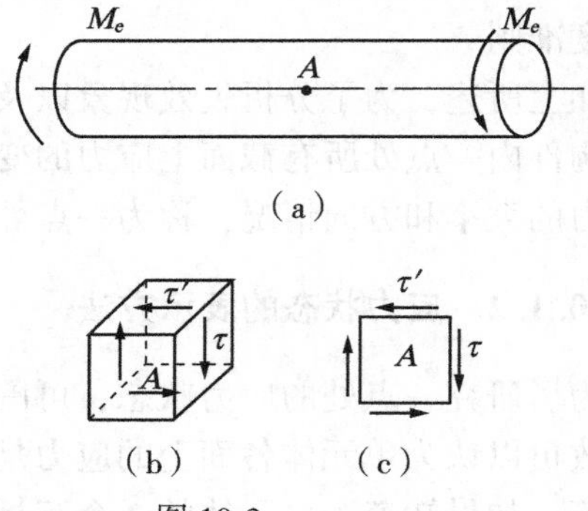

图 10-3

10.1.3 应力状态的分类

当围绕一点所取单元体的方向不同时,单元体各面上的应力也不同。可以证明,对于受力构件内任一点,总可以找到 3 个互相垂直的平面,在这些面上只有正应力而没有切应力,这些切应力为零的平面称为主平面。作用在主平面上的正应力称为主应力。3 个主应力分别用 σ_1、σ_2、σ_3 表示,并按代数值大小排序,即 $\sigma_1 \geq \sigma_2 \geq \sigma_3$。围绕一点按 3 个主平面取出的单元体称为主应力单元体。

174

实际上，在受力构件内所取出的主应力单元体上，不一定每个主平面上都存在主应力。按主应力不为零的个数，应力状态可以分为以下 3 种：

（1）单向应力状态：3 个主应力中只有 1 个主应力不等于零（图 10-4(a)）。

（2）二向应力状态：3 个主应力中有 2 个主应力不等于零（图 10-4(b)）。

（3）三向应力状态：3 个主应力都不等于零（图 10-4(c)）。

单向应力状态也称为简单应力状态，而二向应力状态和三向应力状态则统称为复杂应力状态。本章重点介绍二向应力状态的分析。

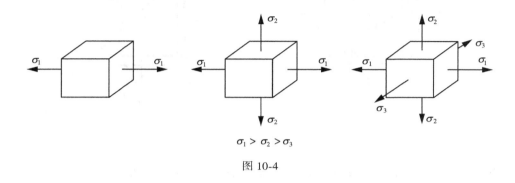

图 10-4

10.2 平面应力状态分析

10.2.1 二向应力状态下的应力分析——解析法与图解法

二向应力状态分析，就是在二向应力状态下，已知过一点的互相垂直截面上的应力 σ_x，σ_y，τ_{xy}，确定通过这一点的其他截面上的应力，从而进一步确定过该点的主平面、主应力和最大切应力。

1. 斜截面上的应力——二向应力状态分析的解析法

已知 σ_x，σ_y，τ_{xy}，求主应力 σ_1，σ_2 及主应力 σ_1 的方向 α_0。

从构件内某点截取的单元体如图 10-5 所示。单元体前、后两个面上无任何应力，故前、后两个面为主平面，且这个面上的主应力为零，所以它是二向应力状态。

在如图 10-5(a)所示的单元体的各面上，设应力分量 σ_x，σ_y，τ_{xy} 和 τ_{yx} 皆为已知。图 10-5(a)为单元体的正投影图。σ_x(或 σ_y)表示的是法线与 x 轴(或 y 轴)平行的面上的正应力。切应力 τ_{xy}(或 τ_{yx})的两个下角标的含义分别为：第一个角标 x(或 y)表示切应力作用平面的法线方向；第二个角标 y(或 x)则表示切应力的方向平行于 y 轴(或 x 轴)。关于应力的符号规定为：正应力以拉应力为正，而压应力为负；切应力以对单元体内任意点的矩为顺时针时，规定为正，反之为负。按照上述符号规定，在图 10-5(a)中 σ_x，σ_y 和 τ_{xy} 皆为正，而 τ_{yx} 为负。

现研究单元体任意斜截面 ef 上的应力(图 10-5(b))。该截面外法线 n 与 x 轴的夹角为 α。且规定：由 x 轴转到外法线 n 为逆时针时，则 α 为正。以斜截面 ef 把单元体假想截开，考虑任一部分的平衡，设 ef 面截面面积为 dA，作用于 ef 部分上的力及作用于 af 和 ae 部分上的力，应使分离体 aef 保持平衡。根据平衡方程 $\sum F_x = 0$ 和 $\sum F_y = 0$，则

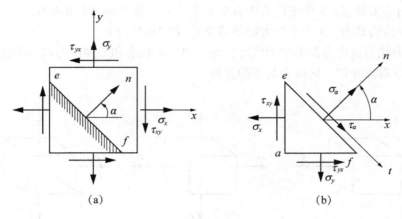

图 10-5

$\sum F_x = 0$：$\sigma_\alpha dA\cos\alpha + \tau_\alpha dA\sin\alpha - \sigma_x dA\cos\alpha + \tau_{yx} dA\sin\alpha = 0$

$\sum F_y = 0$：$\sigma_\alpha dA\sin\alpha - \tau_\alpha dA\cos\alpha - \sigma_y dA\sin\alpha + \tau_{xy} dA\cos\alpha = 0$

依切应力互等定理，τ_{xy} 与 τ_{yx} 在数值上相等。因为 τ_{yx} 已经画成负的方向了，上式中以 τ_{xy} 代替 τ_{yx}，联立解得

$$\sigma_\alpha = \frac{\sigma_x + \sigma_y}{2} + \frac{\sigma_x - \sigma_y}{2}\cos2\alpha - \tau_{xy}\sin2\alpha \qquad (10\text{-}1)$$

$$\tau_\alpha = \frac{\sigma_x - \sigma_y}{2}\sin2\alpha + \tau_{xy}\cos2\alpha \qquad (10\text{-}2)$$

这样，在二向应力状态下，只要知道一对互相垂直面上的应力 σ_x，σ_y 和 τ_{xy}，就可以依式（10-1）和式（10-2）求出 α 为任意值时的斜截面上的应力 σ_α 和 τ_α。

2. 平面应力状态的图解法——应力圆法

（1）基本原理

将式（10-1）、式（10-2）改写为

$$\sigma_\alpha - \frac{\sigma_x + \sigma_y}{2} = \frac{\sigma_x - \sigma_y}{2}\cos2\alpha - \tau_{xy}\sin2\alpha$$

$$\tau_\alpha = \frac{\sigma_x - \sigma_y}{2}\sin2\alpha + \tau_{xy}\cos2\alpha$$

将上述两式两边各自平方然后相加，得

$$\left(\sigma_\alpha - \frac{\sigma_x + \sigma_y}{2}\right)^2 + \tau_\alpha^2 = \left(\frac{\sigma_x - \sigma_y}{2}\right)^2 + \tau^2$$

若取 σ、τ 为坐标轴，则此公式是一个圆的方程。其圆心坐标如：$\left(\dfrac{\sigma_x + \sigma_y}{2},\ 0\right)$；半

径如：$\sqrt{\left(\dfrac{\sigma_x - \sigma_y}{2}\right)^2 + \tau^2}$，通常称此圆为应力圆，又称莫尔圆，如图 10-6 所示。

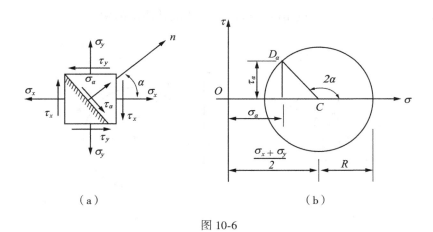

（a）　　　　　　　　　　　　　（b）

图 10-6

应力圆方程表明：斜截面上的正应力 σ_α 和剪应力 τ_α 可以用应力圆圆周上的相应的一点 D_α 的坐标来表示。

（2）应力圆的画法

如图 10-7 所示单元体，σ_x，σ_y 和 τ_{xy} 为已知，要作出它相应的应力圆，其步骤为：

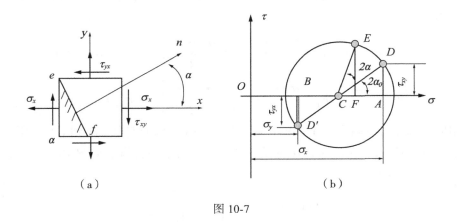

（a）　　　　　　　　　　　　　（b）

图 10-7

①建立 σ-τ 直角坐标系。

②定基准点 D、D'；将单元体上已知应力数值的 x 平面与 y 平面作为基准面，按照一定比例在横坐标上量取 $OA = \sigma_x$，纵坐标上量取 $AD = \tau_{xy}$，得 D 点；量取 $OB = \sigma_y$，$BD' = \tau_{yx}$，得 D' 点。如图 10-7 所示，D、D' 点分别代表了基准面 x 面和 y 面上的应力数值。

③连接 D、D' 两点的直线与横坐标轴交于 C 点。

④以 C 点为圆心，CD 或 CD' 为半径，绘出一个圆，即为所求的应力圆，证明从略。

在利用应力圆来确定单元体上任一斜截面上的应力时，必须掌握应力圆和单元体之间

的对应关系(见图 10-8):

①点面对应——应力圆上某一点的坐标值与单元体相应面上的正应力和剪应力对应。

②转向对应——半径旋转方向与单元体截面外法线旋转方向一致。

③二倍角对应——半径转过角度是截面外法线旋转角度的两倍。

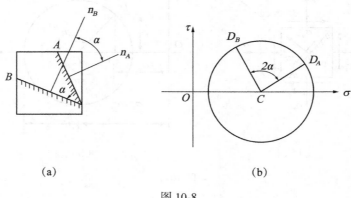

(a)   (b)

图 10-8

(3)主应力与主平面

利用应力圆求主应力及主平面位置十分方便。现以图 10-9 所示单元体为例说明。从作出的应力圆图上可以看出，A_1 和 B_1 两点纵坐标为零，表示单元体上对应截面上的剪应力为零，因此这两点对应的截面即为主平面，A_1 和 B_1 两点的横坐标分别表示主平面上的两个主应力值：

$$\overline{OA_1} = \overline{OC} + \overline{CA_1} = \frac{\sigma_x + \sigma_y}{2} + \sqrt{\left(\frac{\sigma_x - \sigma_y}{2}\right)^2 + \tau_{xy}^2} = \sigma_{max} = \sigma_1$$

$$\overline{OB_1} = \overline{OC} - \overline{CB_1} = \frac{\sigma_x + \sigma_y}{2} - \sqrt{\left(\frac{\sigma_x - \sigma_y}{2}\right)^2 + \tau_{xy}^2} = \sigma_{min} = \sigma_2$$

利用应力圆还可以确定主平面的位置，圆上由 CD 顺时针转 $2\alpha_0$ 到 CA_1，所以单元体上从 x 轴顺时针转 α_0(负值)即到 σ_1 对应的主平面的外法线位置。如图 10-9 所示，从应力圆上可得到主平面的位置：

$$\tan(2\alpha_0) = -\frac{\overline{DA}}{\overline{CA}} = -\frac{2\tau_{xy}}{\sigma_x - \sigma_y}$$

从应力圆上还可以求得最大、最小剪应力的数值：G_1 和 G_2 两点的纵坐标分别代表最大和最小切应力：

$$\left.\begin{array}{c}\tau_{max} \\ \tau_{min}\end{array}\right\} = \overline{CG_1} = \pm\frac{1}{2}\sqrt{(\sigma_x - \sigma_y)^2 + 4\tau_x^2} = \pm\frac{\sigma_1 - \sigma_2}{2}$$

最大剪应力作用面与主应力所在平面夹角为 45°。

例 10-1 从水坝体内某点处取出的单元体应力状态如图 10-10(a)所示，$\sigma_x = -1\text{MPa}$，$\sigma_y = -0.4\text{MPa}$，$\tau_{xy} = -0.2\text{MPa}$，$\tau_{yx} = 0.2\text{MPa}$。

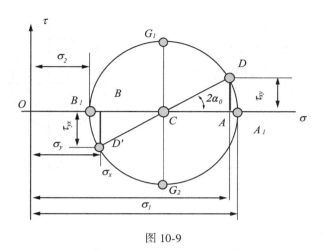

图 10-9

（1）绘出相应的应力圆；

（2）确定此单元体在 $\alpha=30°$ 和 $\alpha=-40°$ 两斜面上的应力。

解：（1）画应力圆。

量取 $OA=\sigma_x=-1$，$AD=\tau_{xy}=-0.2$，定出 D 点；$OB=\sigma_y=-0.4$，$BD'=\tau_{yx}=0.2$，定出 D' 点。以 DD' 为直径绘出的圆即为应力圆（图 10-10(b)）。

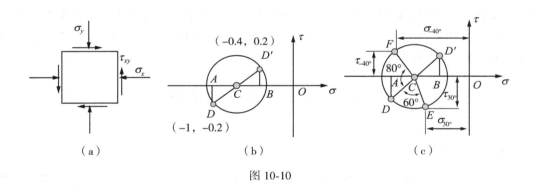

（a）   （b）   （c）

图 10-10

（2）确定 $\alpha=30°$ 斜截面上的应力。

将半径 CD 逆时针转动 $2\alpha=60°$ 到半径 CE，E 点的坐标就代表 $\alpha=30°$ 斜截面上的应力。

确定 $\alpha=-40°$ 斜截面上的应力。

将半径 CD 顺时针转 $2\alpha=80°$ 到半径 CF，F 点的坐标就代表 $\alpha=-40°$ 斜截面上的应力。

$$\sigma_{30°}=-0.68\text{MPa}, \quad \tau_{30°}=-0.36\text{MPa}$$

$$\sigma_{-40°}=-0.95\text{MPa}, \quad \tau_{-40°}=0.26\text{MPa}$$

例 10-2 已知单元体的应力状态如图 10-11(a) 所示，$\sigma_x=40\text{MPa}$，$\sigma_y=-60\text{MPa}$，$\tau_{xy}=-50\text{MPa}$，试用图解法求主应力，并确定主平面的位置。

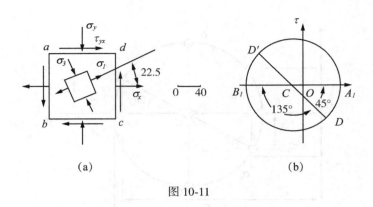

图 10-11

解：（1）作应力圆。

按选定的比例尺，以 $\sigma_x = 40\text{MPa}$，$\tau_{xy} = -50\text{MPa}$ 为坐标，确定 D 点。以 $\sigma_y = -60\text{MPa}$，$\tau_{yx} = 50\text{MPa}$ 为坐标，确定 D' 点。连接 D 和 D' 点，与横坐标轴交于 C 点。以 C 为圆心，以 CD 为半径作应力圆，如图 10-11(b) 所示。

（2）求主应力及主平面的位置。

在图 10-11(b) 所示的应力圆上，A_1 和 B_1 点的横坐标即为主应力值，按所用比例尺量出 $\sigma_1 = OA_1 = 60.7\text{MPa}$，$\sigma_3 = OB_1 = -80.7\text{MPa}$，这里另一个主应力 $\sigma_2 = 0$。

在应力圆上，由 D 点至 A_1 点为逆时针方向，且 $\angle DCA_1 = 2\alpha_0 = 45°$，所以，在单元体中，从 x 轴以逆时针方向量取 $\alpha_0 = 22.5°$，确定了 σ_1 所在主平面的法线。而 D 至 B_1 点为顺时针方向，$\angle DCB_1 = 135°$，所以，在单元体中从 x 轴以顺时针方向量取 $\alpha_0 = 67.5°$，从而确定了 σ_3 所在主平面的法线方向。

10.3 三向应力状态简介

10.3.1 三向应力圆

如图 10-12(a) 所示，已知受力物体内某一点处三个主应力 σ_1、σ_2、σ_3，利用应力圆确定该点的最大正应力和最大切应力。首先研究与主应力 σ_3 平行的斜截面上的应力（见图 10-13(a)），由于作用平面上的力自相平衡，因此，凡是与主应力 σ_3 平行的斜截面上的应力与 σ_3 无关，这一组斜截面上的应力在平面上所对应的点，必在由 σ_1 和 σ_2 所确定的应力圆的圆周上。

同理，在图 10-13(b)、图 10-13(c) 中，与主应力 σ_2、σ_1 平行的斜截面上的应力在平面上所对应的点，分别在图 10-12(b) 中由 σ_3 和 σ_1、σ_3 和 σ_2 所确定的应力圆上。将 3 个应力圆画在同一平面上，称为三向应力圆。

与 3 个主应力均不平行的任意斜截面上的应力所对应的点（见图 10-13(d)），位于 3 个应力圆（见图 10-12(b)）围成的阴影线区域内。

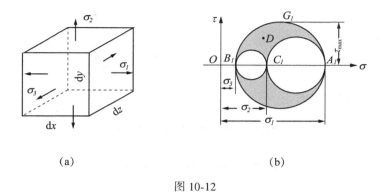

（a）　　　　　　　　　　　　　　（b）

图 10-12

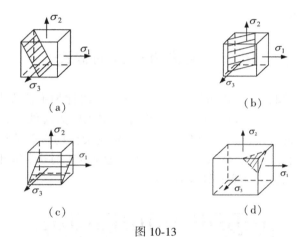

（a）　　　　　　　　　　　　　　（b）

（c）　　　　　　　　　　　　　　（d）

图 10-13

由三向应力圆可见

$$\sigma_{\max} = \sigma_1$$

$$\tau_{\max} = \frac{1}{2}(\sigma_1 - \sigma_3)$$

最大切应力所在的截面与 σ_2 所在的主平面垂直，并与 σ_1 和 σ_3 所在的主平面成 45° 角。

10.3.2　广义胡克定律

在轴向拉压时已经讲过轴向变形与横向变形，即

$$\varepsilon_x = \frac{\sigma_x}{E}, \quad \varepsilon_y = -\mu\frac{\sigma_x}{E}$$

σ_1 单独存在时，

$$\varepsilon'_1 = \frac{\sigma_1}{E}, \quad \varepsilon'_2 = -\mu\frac{\sigma_1}{E}, \quad \varepsilon'_3 = -\mu\frac{\sigma_1}{E}$$

σ_2 单独存在时，

$$\varepsilon''_1 = -\mu \frac{\sigma_2}{E}, \quad \varepsilon''_2 = \frac{\sigma_2}{E}, \quad \varepsilon''_3 = -\mu \frac{\sigma_2}{E}$$

σ_3 单独存在时，

$$\varepsilon'''_1 = -\mu \frac{\sigma_3}{E}, \quad \varepsilon'''_2 = -\mu \frac{\sigma_3}{E}, \quad \varepsilon'''_3 = \frac{\sigma_3}{E}$$

σ_1，σ_2，σ_3 同时存在时，

$$\varepsilon_1 = \frac{1}{E}[\sigma_1 - \mu(\sigma_2 + \sigma_3)]$$

$$\varepsilon_2 = \frac{1}{E}[\sigma_2 - \mu(\sigma_3 + \sigma_1)]$$

$$\varepsilon_3 = \frac{1}{E}[\sigma_3 - \mu(\sigma_1 + \sigma_2)]$$

上式即为广义胡克定律。

10.4　主应力迹线的概念

通过上面的分析可知，在梁内可绘出两组曲线：一组称为主拉应力迹线，其上各点的切线方向为该点处主拉应力 σ_1 的方向；另一组称为主压应力迹线，其上各点的切线方向为该点处主压应力 σ_3 的方向。图 10-14(a)绘出了简支梁在均布载荷作用下的两组主应力迹线，实线表示主拉应力迹线，虚线表示主压应力迹线。在钢筋混凝土梁中，纵向钢筋应大体上按主拉应力 σ_1 的方向布置(图 10-14(b))。

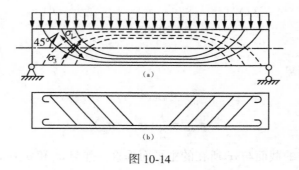

图 10-14

10.5　强 度 理 论

10.5.1　强度理论的概念

强度理论的提出，是为了解决构件在复杂应力状态下的强度计算问题。

强度计算要依据强度条件才能进行，当杆件受力比较简单时，例如轴向拉压或扭转，杆件的危险点处于单向应力状态或纯剪切应力状态，在前面章节中已经建立了强度条件，即

$$\sigma_{max} \leqslant [\sigma], \; \tau_{max} \leqslant [\tau]$$

式中：σ_{max}、τ_{max} 分别为杆件横截面上的最大正应力与最大切应力；$[\sigma]$、$[\tau]$ 为材料的许用应力，它们是通过轴向拉伸(压缩)试验或扭转试验确定的极限应力除以安全因数得到的。

对于受力比较复杂的构件，其危险点处往往同时存在着正应力和切应力，处于复杂应力状态。实践表明，将两种应力分开来建立强度条件是错误的。如若仿照以前直接通过试验测定材料的极限应力来建立强度条件，也是行不通的。因为复杂应力状态下的正应力与切应力有各种不同的组合，要对各种可能的组合一一进行试验是极其繁琐且难以实现的。因此，我们必须另辟途径来建立复杂应力状态下构件的强度条件。

长期以来，人们不断地观察材料强度失效的现象，研究影响强度失效的因素，根据积累的资料与经验，假定某一因素或几种因素是材料强度失效的原因，提出了一些关于材料强度失效的假说，这些假说及基于假说所建立的强度计算准则，称为强度理论。

大量观察与研究表明，尽管强度失效现象比较复杂，但强度失效的形式可以归纳为两种类型：一种是脆性断裂；另一种是塑性屈服。强度理论认为，不论材料处于何种应力状态，只要强度失效的类型相同，材料的强度失效就是由同一因素引起的。这样就可以将复杂应力状态和简单应力状态联系起来，利用轴向拉伸的试验结果，建立复杂应力状态下的强度条件。

根据材料强度失效的两种形式，强度理论可分为两类：一类是关于脆性断裂的强度理论；另一类是关于塑性屈服的强度理论。

10.5.2　常用的几种强度理论

1. 最大拉应力理论(第一强度理论)

最大拉应力理论认为，引起材料脆性断裂的主要因素是最大拉应力。无论材料处于何种应力状态，只要构件内危险点处的最大拉应力 σ_1 达到材料单向拉伸断裂时的极限应力值 σ_b，材料就会发生脆性断裂。断裂条件为

$$\sigma_1 = \sigma_b$$

将 σ_b 除以安全因数后，得材料的许用应力 $[\sigma]$。因此，强度条件为

$$\sigma_1 \leqslant [\sigma] \tag{10-3}$$

试验结果表明，该理论与铸铁、砖石、混凝土和陶瓷等脆性材料的脆性断裂破坏试验的结果相符。该理论的缺陷是没有考虑另外两个主应力 σ_2 与 σ_3 的影响，而且对没有拉应力的应力状态(例如轴向压缩)也无法应用。

2. 最大拉应变理论(第二强度理论)

最大拉应变理论认为，引起材料脆性断裂的主要因素是最大拉应变。无论材料处于何种应力状态，只要构件内危险点处的最大拉应变 ε_1 达到材料单向拉伸断裂时拉应变的极限值 ε_b，材料就会发生脆性断裂。断裂条件为

$$\varepsilon_1 = \varepsilon_b$$

可以证明，这一理论的强度条件为

$$\sigma_1 - \mu(\sigma_2 + \sigma_3) \leqslant [\sigma] \tag{10-4}$$

式中：μ 为材料的泊松比。

试验表明，该理论对石料、混凝土等脆性材料受压时沿纵向发生脆性断裂的现象，能予以很好的解释。但该理论与许多试验结果不相吻合，因此目前很少被采用。

3. 最大切应力理论(第三强度理论)

最大切应力理论认为，引起材料塑性屈服的主要因素是最大切应力。无论材料处于何种应力状态，只要构件内危险点处的最大切应力 τ_{max} 达到材料单向拉伸屈服时的极限切应力值 $\tau_s = \dfrac{\sigma_s}{2}$，材料就会发生塑性屈服，屈服条件为

$$\tau_{max} = \tau_s = \frac{\sigma_s}{2}$$

可以证明，这一理论的强度条件为

$$\sigma_1 - \sigma_3 \leqslant [\sigma] \tag{10-5}$$

该理论与塑性材料的许多试验结果比较接近，计算也较为简单，在机械设计中广泛使用。该理论的缺点是未考虑中间主应力 σ_2 的影响。

4. 形状改变比能理论(第四强度理论)

材料在外力作用下产生变形的同时，其内部也积储了能量，称为变形能，单位体积内的变形能称为比能。比能又分为形状改变比能和体积改变比能。形状改变比能理论认为，引起材料塑性屈服的主要因素是形状改变比能。无论材料处于何种应力状态，只要构件内危险点处的形状改变比能达到单向拉伸屈服时的形状改变比能值，材料就会发生塑性屈服。

可以证明，这一理论的强度条件为

$$\sqrt{\frac{1}{2}\left[(\sigma_1 - \sigma_2)^2 + (\sigma_2 - \sigma_3)^2 + (\sigma_3 - \sigma_1)^2\right]} \leqslant [\sigma] \tag{10-6}$$

该理论与许多塑性屈服破坏试验的结果相符，由于它综合考虑了 3 个主应力的影响，因此较为全面和完整。试验表明，在二向应力状态下，塑性材料用该理论比用最大切应力理论更接近实际情况，更为经济。

5. 莫尔强度理论

莫尔强度理论认为，材料强度失效的主要因素是切应力，同时还与正应力有关。按照该理论建立的强度条件为

$$\sigma_1 - \frac{[\sigma_t]}{[\sigma_c]}\sigma_3 \leqslant [\sigma_t] \tag{10-7}$$

式中：$[\sigma_t]$、$[\sigma_c]$ 分别为材料的拉伸和压缩许用应力。

该理论对塑性材料和脆性材料都是适用的。对于 $[\sigma_t] = [\sigma_c]$ 的塑性材料，式(10-7)与式(10-5)相同，故最大切应力理论可看作莫尔强度理论的特殊情况。对于脆性材料，因考虑了材料的 $[\sigma_t] \neq [\sigma_c]$ 的特点，莫尔强度理论也能给出较为满意的结果。

10.5.3 相当应力

以上 5 个强度理论的强度条件可统一写为

$$\sigma_r \leqslant [\sigma] \tag{10-8}$$

式中：σ_r 是主应力的某种组合。对于上述 5 个强度理论，σ_r 的表达式分别为

$$\sigma_{r1} = \sigma_1$$

$$\sigma_{r2} = \sigma_1 - \nu(\sigma_2 + \sigma_3)$$

$$\sigma_{r3} = \sigma_1 - \sigma_3$$

$$\sigma_{r4} = \sqrt{\frac{1}{2}\left[(\sigma_1 - \sigma_2)^2 + (\sigma_2 - \sigma_3)^2 + (\sigma_3 - \sigma_1)^2\right]}$$

$$\sigma_{rM} = \sigma_1 - \frac{[\sigma_t]}{[\sigma_c]}\sigma_3$$

(10-9)

$[\sigma]$ 是发生同种破坏类型的单向拉伸时材料的许用应力。这样，复杂应力状态下构件的强度条件与单向拉伸时杆件的强度条件在形式上完全相同，σ_r 在安全程度上与单向拉伸时的拉应力相应，故称之为相当应力。

10.5.4　强度理论的选用原则

在常温、静载条件下，脆性材料多发生脆性断裂，宜采用最大拉应力理论或莫尔强度理论；塑性材料多发生塑性屈服，宜采用最大切应力理论或形状改变比能理论。但材料的强度失效形式，不仅取决于材料的性质，而且与其所处的应力状态、温度和加载速度等都有一定关系。试验表明，塑性材料在一定的条件下(如低温或三向拉伸时)，也会表现出脆性断裂，此时也应该选用最大拉应力理论或莫尔强度理论；脆性材料在一定的应力状态(如三向压缩)下，也会表现出塑性屈服，此时应选用最大切应力理论或形状改变比能理论。

10.6　本章小结

10.6.1　应力状态的概念

(1)一点处的应力状态：把受力构件内一点处各个不同方向截面上应力的大小和方向情况，称为一点处的应力状态。

(2)一点处应力状态的表示方法：可用单元体的 3 个互相垂直平面上的应力来表示一点处的应力状态。

(3)主平面：对于受力构件内任一点，总可以找到 3 个互相垂直的平面，在这些面上只有正应力而没有切应力，这些切应力为零的平面称为主平面。

(4)主应力：作用在主平面上的正应力称为主应力。

(5)应力状态的分类：单向应力状态、二向应力状态、三向应力状态。

10.6.2　平面应力状态分析

1. 任意斜截面上的应力

$$\sigma_\alpha = \frac{\sigma_x + \sigma_y}{2} + \frac{\sigma_x - \sigma_y}{2}\cos2\alpha - \tau_{xy}\sin2\alpha$$

$$\tau_\alpha = \frac{\sigma_x - \sigma_y}{2}\sin2\alpha + \tau_{xy}\cos2\alpha$$

2. 主平面位置及主应力值

(1)主平面位置：

$$\tan2\alpha_0 = \frac{-2\tau_{xy}}{\sigma_x - \sigma_y}$$

(2)主应力值：

$$\sigma_{max} = \frac{\sigma_x + \sigma_y}{2} + \sqrt{\left(\frac{\sigma_x - \sigma_y}{2}\right)^2 + \tau_{xy}^2}$$

$$\sigma_{min} = \frac{\sigma_x + \sigma_y}{2} - \sqrt{\left(\frac{\sigma_x - \sigma_y}{2}\right)^2 + \tau_{xy}^2}$$

3. 最大切应力

$$\tau_{max} = \frac{\sigma_{max} - \sigma_{min}}{2}$$

10.6.3　主应力迹线

(1)主拉应力迹线：各点的切线方向为该点处主拉应力 σ_1 的方向。

(2)主压应力迹线：各点的切线方向为该点处主压应力 σ_3 的方向。

10.6.4　强度理论

1. 强度理论的概念

2. 常用的几种强度理论

(1)最大拉应力理论(第一强度理论)：

$$\sigma_1 \leqslant [\sigma]$$

(2)最大拉应变理论(第二强度理论)：

$$\sigma_1 - \nu(\sigma_2 + \sigma_3) \leqslant [\sigma]$$

(3)最大切应力理论(第三强度理论)：

$$\sigma_1 - \sigma_3 \leqslant [\sigma]$$

(4)形状改变比能理论(第四强度理论)：

$$\sqrt{\frac{1}{2}\left[(\sigma_1 - \sigma_2)^2 + (\sigma_2 - \sigma_3)^2 + (\sigma_3 - \sigma_1)^2\right]} \leqslant [\sigma]$$

(5)莫尔强度理论：

$$\sigma_1 - \frac{[\sigma_t]}{[\sigma_c]}\sigma_3 \leqslant [\sigma_t]$$

第 11 章　压杆稳定问题

【本章要求】掌握稳定性的概念，了解细长压杆临界压力的欧拉公式推导过程及适用范围，重点掌握利用欧拉公式、经验公式进行压杆的稳定性计算。

【本章重点】压杆失稳的概念、临界力及临界应力、欧拉公式及适用范围、压杆稳定计算、压杆稳定性的提高措施。

11.1　压杆稳定的概念

在前面介绍轴向拉压杆的强度计算时，认为当压杆横截面上的应力超过材料的极限应力时，压杆就会因强度不够而引起破坏。这种观点对于始终保持其原有直线形状的粗短杆(杆的横向尺寸较大，纵向尺寸较小)来说是正确的。但是，对于细长杆(杆的横向尺寸较小，纵向尺寸较大)则不然，它在应力远低于材料的极限应力时，就会突然产生显著的弯曲变形而失去承载能力。

为了研究方便，我们将实际的压杆抽象为如下的力学模型：将压杆看作轴线为直线，且压力作用线与轴线重合的均质等截面直杆，称为中心受压直杆或理想柱。采用上述中心受压直杆的力学模型后，在压杆所受的压力 F 不大时，若给杆一微小的横向干扰，使杆发生微小的弯曲变形(图 11-1(a))，在干扰撤去后，杆经若干次振动后仍会回到原来的直线平衡状态(图 11-1(b))，称压杆此时处于稳定的平衡状态。增大压力 F 至某一极限值 F_{cr} 时，若再给杆一微小的横向干扰，使杆发生微小的弯曲变形，则在干扰撤去后，杆不再恢复到原来直线平衡状态，而是仍处于微弯的平衡状态(图 11-1(c))，我们把受干扰前杆的直线平衡状态称为临界平衡状态，此时的压力 F_{cr} 称为压杆的临界力。临界平衡状态实质上是一种不稳定的平衡状态，因为此时杆一经干扰后就不能维持原有直线平衡状态了。由此可见，当压力 F 达到临界力 F_{cr} 时，压杆就从稳定的平衡状态转变为不稳定的平衡状态，这种现象称为丧失稳定性，简称失稳。当压力 F 超过 F_{cr}，杆的弯曲变形将急剧增大，甚至最后造成弯曲破坏(图 11-1(d))。

由于杆件失稳是在远低于强度许用承载能力的情况下骤然发生的，所以往往造成严重的事故。例如在 1907 年，加拿大长达 548m 的魁北克大桥在施工中突然倒塌，就是由于两根受压杆件的失稳引起的。因此，在设计杆件(特别是受压杆件)时，除了进行强度计算外，还必须进行稳定计算，以满足其稳定性方面的要求。本章仅讨论压杆的稳定计算问题。

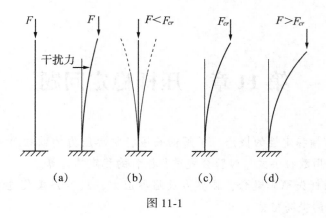

图 11-1

11.2　压杆的临界载荷

临界力 F_{cr} 是压杆处于微弯平衡状态所需的最小压力，由此我们得到确定压杆临界力的一个方法：假定压杆处于微弯平衡状态，求出此时所需的最小压力即为压杆的临界力。

以两端铰支并受轴向压力 F 作用的等截面直杆(图 11-2)为例，说明确定压杆临界力的方法。当压杆处于临界状态时，压杆在临界力的作用下保持微弯状态的平衡，此时压杆的轴线就变成了弯曲问题中的挠曲线。如果杆内的压应力不超过比例极限，则压杆的挠曲线近似微分方程为(图 11-2)

$$EI\frac{\mathrm{d}^2 y}{\mathrm{d}x^2} = -M(x) = -F_{cr}y \tag{a}$$

将式(a)两边同除以 EI，并令

$$\frac{F_{cr}}{EI} = k \tag{b}$$

移项后得到

$$\frac{\mathrm{d}^2 y}{\mathrm{d}x^2} + k^2 y = 0 \tag{c}$$

解此微分方程，可以得到两端铰支细长压杆的临界力为

$$F_{cr} = \frac{\pi^2 EI}{l^2} \tag{11-1}$$

上式即为计算两端铰支细长压杆临界力的欧拉公式。

对于其他杆端约束情况下的细长压杆，可用同样的方法求得临界力。各种细长压杆的临界力可用下面的欧拉公式的一般形式统一表示为

$$F_{cr} = \frac{\pi^2 EI}{(\mu l)^2} \tag{11-2}$$

式中：μ 称为压杆的长度因数，它反映了不同的支承情况对临界力的影响；μl 称为压杆的相当长度。

四种典型的杆端约束下细长压杆的长度因数列于表 11-1 中，以备查用。

应当指出，工程实际中压杆的杆端约束情况往往比较复杂，应对杆端支承情况作具体分析，或查阅有关的设计规范，定出合适的长度因数。

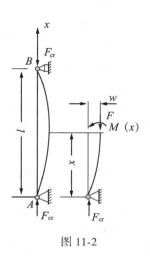

图 11-2

表 11-1　　　　　　　　　　　压杆的临界力公式及长度因数

支承情况	两端铰支	一端嵌固一端自由	一端嵌固，一端可上、下移动（不能转动）	一端嵌固一端铰支	一端嵌固，另一端可水平移动但不能转动
弹性曲线形状					
临界力公式	$F_{cr} = \dfrac{\pi^2 EI}{l^2}$	$F_{cr} = \dfrac{\pi^2 EI}{(2l)^2}$	$F_{cr} = \dfrac{\pi^2 EI}{(0.5l)^2}$	$F_{cr} = \dfrac{\pi^2 EI}{(0.7l)^2}$	$F_{cr} = \dfrac{\pi^2 EI}{l^2}$
计算长度	l	$2l$	$0.5l$	$0.7l$	l
长度系数	$\mu = 1$	$\mu = 2$	$\mu = 0.5$	$\mu = 0.7$	$\mu = 1$

例 11-1　一长 $l=4\text{m}$，直径 $d=100\text{mm}$ 的细长钢压杆，支承情况如图 10-3 所示，在 xy 平面内为两端铰支，在 xz 平面内为一端铰支、一端固定。已知钢的弹性模量 $E=200\text{GPa}$，求此压杆的临界力。

解：钢压杆的横截面是圆形，圆形截面对其任一形心轴的惯性矩都相同，均为

$$I=\frac{\pi d^4}{64}=\frac{\pi \times 100^4 \times 10^{-12}\text{m}^4}{64}=0.049 \times 10^{-4}\text{m}^4$$

因为临界力是使压杆产生失稳所需要的最小压力，而钢压杆在各纵向平面内的弯曲刚度 EI 相同，所以式（11-2）中的 μ 应取较大的值，即失稳将发生在杆端约束最弱的纵向平面内。由已知条件，钢压杆在 xy 平面内的杆端约束为两端铰支，$\mu=1$；在 xz 平面内杆端约束为一端铰支、一端固定，$\mu=0.7$。故失稳将发生在 xy 平面内，应取 $\mu=1$ 进行计算。临界力为

$$F_{\text{cr}}=\frac{\pi^2 EI}{(\mu l)^2}=\frac{\pi^2 \times 200 \times 10^9\text{Pa} \times 0.049 \times 10^{-4}\text{m}^4}{(1 \times 4\text{m})^2}=0.6 \times 10^6\text{N}=600\text{kN}$$

例 11-2　有一两端铰支的细长木柱。已知柱长 $l=3\text{m}$，横截面为 $80\text{mm}\times 140\text{mm}$ 的矩形，木材的弹性模量 $E=10\text{GPa}$。求此木柱的临界力。

解：由于木柱两端约束为球形铰支，故木柱两端在各个方向的约束都相同（都是铰支）。因为临界力是使压杆产生失稳所需要的最小压力，所以式（11-2）中的 I 应取 $I_{\min}$。$I_{\min}=I_y$，其值为

$$I_y=\frac{140 \times 80^3\text{mm}^4}{12}=597.3 \times 10^4\text{mm}^4=597.3 \times 10^{-8}\text{m}^4$$

故临界力为

$$F_{\text{cr}}=\frac{\pi^2 EI_y}{(\mu l)^2}=\frac{\pi^2 \times 10 \times 10^9\text{Pa} \times 597.3 \times 10^{-8}\text{m}^4}{(1 \times 3)^2\text{m}^2}=655 \times 10^2\text{N}=65.5\text{kN}$$

在临界力 F_{cr} 作用下，木柱将在弯曲刚度最小的 xz 平面内发生失稳。

11.3　压杆的临界应力

临界力 F_{cr} 是压杆保持直线平衡状态所能承受的最大压力，因而压杆在开始失稳时横截面上的应力，仍可按轴向拉压杆的应力公式计算，即

$$\sigma_{\text{cr}}=\frac{F_{\text{cr}}}{A} \tag{11-3}$$

式中：A 为压杆的横截面面积；σ_{cr} 称为压杆的临界应力。

11.3.1　欧拉公式的适用范围

在欧拉公式的推导中使用了压杆失稳时挠曲线的近似微分方程，该方程只有当材料处于线弹性范围内时才成立，这就要求在压杆的临界应力 σ_{cr} 不大于材料的比例极限的情况下，方能应用欧拉公式。下面具体表达欧拉公式的适用范围。

将式（11-3）改写为

$$\sigma_{cr} = \frac{F_{cr}}{A} = \frac{\pi^2 EI}{A (\mu l)^2} = \frac{\pi^2 E}{(\mu l i)^2}$$

故

$$\sigma_{cr} = \frac{\pi^2 E}{\lambda^2} \qquad (11\text{-}4)$$

式中：$i = \dfrac{I}{A}$ 为压杆横截面的惯性半径。而

$$\lambda = \frac{\mu l}{i} \qquad (11\text{-}5)$$

称为压杆的柔度或长细比。柔度 λ 综合地反映了压杆的杆端约束、杆长、杆横截面的形状和尺寸等因素对临界应力的影响。柔度 λ 愈大，临界应力 σ_{cr} 愈小，压杆愈容易失稳。反之，柔度 λ 越小，临界应力就愈大，压杆能承受较大的压力。根据式(11-4)，欧拉公式的适用范围为

$$\frac{\pi^2 E}{\lambda^2} \leqslant \sigma_p \ \text{或} \ \lambda \geqslant \sqrt{\frac{\pi^2 E}{\sigma_p}} \qquad (11\text{-}6)$$

令

$$\lambda_p = \sqrt{\frac{\pi^2 E}{\sigma_p}} \qquad (11\text{-}7)$$

λ_p 是对应于比例极限的柔度值。由上可知，只有对柔度 $\lambda \geqslant \lambda_p$ 的压杆，才能用欧拉公式计算其临界力。柔度 $\lambda \geqslant \lambda_p$ 的压杆称为大柔度压杆或细长压杆。

由式(11-7)可知，λ_p 的值仅与压杆的材料有关。例如由 Q235 钢制成的压杆，E、σ_p 的平均值分别为 206GPa 与 200MPa，代入式(11-7)后算得 $\lambda_p \approx 100$。对于木压杆 $\lambda_p \approx 110$。

11.3.2 经验公式

$\lambda < \lambda_p$ 的压杆称为中、小柔度压杆。这类压杆的临界应力通常采用经验公式进行计算。经验公式是根据大量试验结果建立起来的，目前常用的有直线公式和抛物线公式两种。本书仅介绍直线公式，其表达式为

$$\sigma_{cr} = a - b\lambda \qquad (11\text{-}8)$$

式中：a、b 均为与材料有关的常数，单位均为 MPa。例如，Q235 钢：$a = 304\text{MPa}$，$b = 1.12\text{MPa}$。其他材料 a 和 b 的数值可以查阅有关手册。

柔度很小的粗短杆，其破坏主要是应力达到屈服极限 σ_s 或强度极限 σ_b 所致，其本质是强度问题。因此，对于塑性材料制成的压杆，按经验公式求出的临界应力最高值只能等于 σ_s，设相应的柔度为 λ_s，则

$$\lambda_s = \frac{a - \sigma_s}{b} \qquad (11\text{-}9)$$

λ_s 是应用直线公式的最小柔度值。对屈服极限为 $\sigma_s = 235\text{MPa}$ 的 Q235MPa 的钢，$\lambda_s \approx 62$。柔度介于 λ_p 与 λ_s 之间的压杆称为中柔度杆或中长杆。$\lambda < \lambda_s$ 的压杆称为小柔度杆或粗短杆。

由以上讨论可知，压杆按其柔度值可分为三类，分别应用不同的公式计算临界应力。

对于柔度大于等于 λ_p 的细长杆，应用欧拉公式；柔度介于 λ_p 与 λ_s 之间的中长杆，应用经验公式；柔度小于等于 λ_s 的粗短杆，应用强度条件计算。图 11-3 表示临界应力 σ_{cr} 随压杆柔度 λ 变化的曲线，称为临界应力总图。

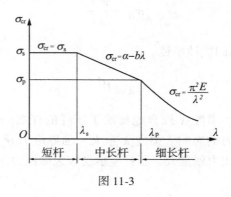

图 11-3

11.4　压杆的稳定性计算

为了保证压杆能够安全地工作，要求压杆承受的压力 F 应满足下面的条件：

$$F \leqslant \frac{F_{cr}}{n_{st}} = [F]_{st} \tag{11-10}$$

或者将上式两边同时除以横截面面积 A，得到压杆横截面上的应力 σ 应满足的条件：

$$\sigma = \frac{F}{A} \leqslant \frac{\sigma_{cr}}{n_{st}} = [\sigma]_{st} \tag{11-11}$$

以上两式称为压杆的稳定条件。式中：n_{st} 为稳定安全因数，$[F]_{st}$ 为稳定许用压力，$[\sigma]_{st}$ 为稳定许用应力。稳定安全因数 n_{st} 的取值除考虑在确定强度安全因数时的因素外，还应考虑实际压杆不可避免地存在杆轴线的初曲率、压力的偏心和材料的不均匀等因素。这些因素将使压杆的临界力显著降低，对压杆稳定的影响较大，并且压杆的柔度越大，影响也越大。但是，这些因素对压杆强度的影响就不那么显著。因此，稳定安全因数 n_{st} 的取值一般大于强度安全因数 n，并且随柔度 λ 而变化。例如，钢压杆的强度安全因数 $n = 1.4 \sim 1.7$，而稳定安全因数 $n_{st} = 1.8 \sim 3.0$，甚至更大。常用材料制成的压杆，在不同工作条件下的稳定安全因数 n_{st} 的值，可在有关的设计手册中查到。

利用稳定条件式（11-10）或式（11-11），可以解决压杆的稳定校核、设计截面和确定许用载荷等三类稳定计算问题。上述进行压杆稳定计算的方法称为安全因数法。

例 11-3　长度为 1.8m 两端铰支的实心圆截面钢压杆，承受 $F = 60$kN 的压力，已知 $\lambda_p = 123$，$E = 210$GPa，$d = 45$mm，$n_{st} = 2$。试校核其稳定性。

解： 压杆两端铰支，$\mu = 1$；截面为圆形，$i = \frac{I}{A} = \frac{d}{4}$，则柔度为

$$\lambda = \frac{\mu l}{i} = \frac{\mu l}{\dfrac{d}{4}} = \frac{1 \times 1800\text{mm}}{\dfrac{45}{4}\text{mm}} = 160 > \lambda_p = 123$$

所以用欧拉公式计算其临界力为

$$F_{cr} = A\sigma_{cr} = \frac{\pi d^2}{4} \frac{\pi^2 E}{\lambda^2} = 128.8 \times 10^3 \mathrm{N} = 128.8 \mathrm{kN}$$

压杆的许用压力为

$$[F]_{st} = \frac{F_{cr}}{n_{st}} = 64.4 \mathrm{kN} > F = 60 \mathrm{kN}$$

所以该压杆满足稳定要求。

11.5　提高压杆稳定性措施

提高压杆的稳定性就是增大压杆的临界力或临界应力。可以从影响临界力或临界应力的诸种因素出发，采取下列措施。

11.5.1　合理地选择材料

对于大柔度压杆，临界应力 $\sigma_{cr} = \frac{\pi^2 E}{\lambda^2}$，故采用 E 值较大的材料能够增大其临界应力，也就能提高其稳定性。由于各种钢材的 E 值大致相同，所以对大柔度钢压杆不宜选用优质钢材，以避免造成浪费。

对于中、小柔度压杆，根据经验公式，采用强度较高的材料能够提高其临界应力，即能提高其稳定性。

11.5.2　选择合理的截面

在截面面积一定的情况下，应尽可能将材料放在离形心较远处，以提高惯性半径 i 的数值，从而减小压杆的柔度和提高临界应力。例如，采用空心圆截面比实心圆截面更为合理(图 11-4)。但应注意空心圆筒的壁厚不能过薄，否则有引起局部失稳从而发生折皱的危险。另外，压杆总是在柔度较大的纵向平面内失稳，所以应尽量使各纵向平面内的柔度相同或相近。

图 11-4

11.5.3　减小杆的长度

杆长 l 越小，则柔度 λ 越小。在工程中，通常用增设中间支撑的方法来达到减小杆长的目的。例如两端铰支的细长压杆，在杆中点处增设一个铰支座，则其相当长度 μl 为原来的一半，而由欧拉公式算得的临界应力或临界力却是原来的四倍。当然增设支座也相应地增加了工程造价，故设计时应综合加以考虑。

11.5.4　加强杆端约束

压杆的杆端约束越强，μ 值就越小，λ 也就越小。例如，将两端铰支的细长压杆的杆端约束增强为两端固定，那么由欧拉公式可知其临界力将变为原来的四倍。

11.6　本 章 小 结

11.6.1　压杆稳定的概念

（1）稳定平衡状态：在干扰撤去后，杆经若干次振动后仍会回到原来的直线平衡状态（图 11-1(b)），称压杆此时处于稳定的平衡状态。

（2）临界平衡状态及临界力：把受干扰前杆的直线平衡状态称为临界平衡状态。此时的压力 F_{cr} 称为压杆的临界力。

（3）失稳：当压力 F 达到临界力 F_{cr} 时，压杆就从稳定的平衡状态转变为不稳定的平衡状态，这种现象称为丧失稳定性，简称失稳。

11.6.2　压杆的临界载荷

欧拉公式：

$$F_{cr} = \frac{\pi^2 EI}{(\mu l)^2}$$

11.6.3　压杆的临界应力

柔度：

$$\lambda = \frac{\mu l}{i}$$

柔度 λ 愈大，临界应力 σ_{cr} 愈小，压杆愈容易失稳；反之，柔度 λ 越小，临界应力就愈大，压杆能承受较大的压力。

11.6.4　压杆的稳定性计算

压杆的稳定条件：

$$F \leqslant \frac{F_{cr}}{n_{st}} = [F]_{st} \text{ 或 } \sigma = \frac{F}{A} \leqslant \frac{\sigma_{cr}}{n_{st}} = [\sigma]_{st}$$

11.6.5　提高压杆稳定性措施

（1）合理地选择材料；
（2）选择合理的截面；
（3）减小杆的长度；
（4）加强杆端约束。

附 录　型 钢 表

一、热轧等边角钢（GB9787—88）

符号意义：

b ——边宽度；　　　　I ——惯性矩；

d ——边厚度；　　　　i ——惯性半径；

r ——内圆弧半径；　　W ——截面系数；

r_1 ——边端内弧半径；　z_0 ——重心距离。

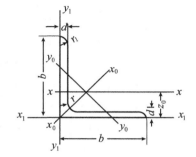

角钢号数	尺寸/mm			截面面积 /cm²	理论重量 /(kg/m)	外表面积 /(m²/m)	参考数值											z_0 /cm
							$x-x$			x_0-x_0			y_0-y_0			x_1-x_1	
	b	d	r				I_x /cm⁴	i_x /cm	W_x /cm³	I_{x0} /cm⁴	i_{x0} /cm	W_{x0} /cm³	I_{y0} /cm⁴	i_{y0} /cm	W_{y0} /cm³	I_{x1} /cm⁴	
2	20	3	3.5	1.132	0.889	0.078	0.40	0.59	0.29	0.63	0.75	0.45	0.17	0.39	0.20	0.81	0.60
		4		1.459	1.145	0.077	0.50	0.58	0.36	0.78	0.73	0.55	0.22	0.38	0.24	1.09	0.64
2.5	25	3		1.432	1.124	0.098	0.82	0.76	0.46	1.29	0.95	0.73	0.34	0.49	0.33	1.57	0.73
		4		1.859	1.459	0.097	1.03	0.74	0.59	1.62	0.93	0.92	0.43	0.48	0.40	2.11	0.76
3.0	30	3	4.5	1.749	1.373	0.117	1.46	0.91	0.68	2.31	1.15	1.09	0.61	0.59	0.51	2.71	0.85
		4		2.276	1.786	0.117	1.84	0.90	0.87	2.92	1.13	1.37	0.77	0.58	0.62	3.63	0.89
3.6	36	3	4.5	2.109	1.656	0.141	2.58	1.11	0.99	4.09	1.39	1.61	1.07	0.71	0.76	4.68	1.00
		4		2.756	2.163	0.141	3.29	1.09	1.28	5.22	1.38	2.05	1.37	0.70	0.93	6.25	1.04
		5		3.382	2.654	0.141	3.95	1.08	1.56	6.24	1.36	2.45	1.65	0.70	1.09	7.84	1.07
4.0	40	3		2.359	1.852	0.157	3.59	1.23	1.23	5.69	1.55	2.01	1.49	0.79	0.96	6.41	1.09
		4		3.086	2.422	0.157	4.60	1.22	1.60	7.29	1.54	2.58	1.91	0.79	1.19	8.56	1.13
		5		3.791	2.976	0.156	5.53	1.21	1.96	8.76	1.52	3.01	2.30	0.78	1.39	10.74	1.17
4.5	45	3	5	2.659	2.088	0.177	5.17	1.40	1.58	8.20	1.76	2.58	2.14	0.90	1.24	9.12	1.22
		4		3.486	2.736	0.177	6.65	1.38	2.05	10.56	1.74	3.32	2.75	0.89	1.54	12.18	1.26
		5		4.292	3.369	0.176	8.04	1.37	2.51	12.74	1.72	4.00	3.33	0.88	1.81	15.25	1.30
		6		5.076	3.985	0.176	9.33	1.36	2.95	14.76	1.70	4.64	3.89	0.88	2.06	18.36	1.33

续表

角钢号数	尺寸/mm			截面面积/cm²	理论重量/(kg/m)	外表面积/(m²/m)	参考数值										z_0/cm
							$x-x$			x_0-x_0			y_0-y_0			x_1-x_1	
	b	d	r				I_x/cm⁴	i_x/cm	W_x/cm³	I_{x0}/cm⁴	i_{x0}/cm	W_{x0}/cm³	I_{y0}/cm⁴	i_{y0}/cm	W_{y0}/cm³	I_{x1}/cm⁴	
5.0	50	3	5.5	2.971	2.332	0.197	7.18	1.55	1.96	11.37	1.96	3.22	2.98	1.00	1.57	12.50	1.34
		4		3.897	3.059	0.197	9.26	1.54	2.56	14.70	1.94	4.16	3.82	0.99	1.96	16.69	1.38
		5		4.803	3.770	0.196	11.21	1.53	3.13	17.79	1.92	5.03	4.64	0.98	2.31	20.90	1.42
		6		5.688	4.465	0.196	13.05	1.52	3.68	20.68	1.91	5.85	5.42	0.98	2.63	25.14	1.46
5.6	56	3	6	3.343	2.624	0.221	10.19	1.75	2.48	16.14	2.20	4.08	4.24	1.13	2.02	17.56	1.48
		4		4.390	3.446	0.220	13.18	1.73	3.24	20.92	2.18	5.28	5.46	1.11	2.52	23.43	1.53
		5		5.415	4.251	0.220	16.02	1.72	3.97	25.42	2.17	6.42	6.61	1.10	2.98	29.33	1.57
		8		8.367	6.568	0.219	23.63	1.68	6.03	37.37	2.11	9.44	9.89	1.09	4.16	47.24	1.68
6.3	63	4	7	4.978	3.907	0.248	19.03	1.96	4.13	30.17	2.46	6.78	7.89	1.26	3.29	33.35	1.70
		5		6.143	4.822	0.248	23.17	1.94	5.08	36.77	2.45	8.25	9.57	1.25	3.90	41.73	1.74
		6		7.288	5.721	0.247	27.12	1.93	6.0	43.03	2.43	9.66	11.20	1.24	4.46	50.14	1.78
		8		9.515	7.469	0.247	34.46	1.90	7.75	54.56	2.40	12.25	14.33	1.23	5.47	67.11	1.85
		10		11.657	9.151	0.246	41.09	1.88	9.39	64.85	2.36	14.56	17.33	1.22	6.36	84.31	1.93
7	70	4	8	5.570	4.372	0.275	26.39	2.18	5.14	41.80	2.74	8.44	10.99	1.40	4.17	45.74	1.86
		5		6.875	5.397	0.275	32.21	2.16	6.32	51.08	2.73	10.32	13.34	1.39	4.95	57.21	1.91
		6		8.160	6.406	0.275	37.77	2.15	7.48	59.93	2.71	12.11	15.61	1.38	5.67	68.73	1.95
		7		9.424	7.398	0.275	43.09	2.14	8.59	68.35	2.69	13.81	17.82	1.38	6.34	80.29	1.99
		8		10.667	8.373	0.274	48.17	2.12	9.68	76.37	2.68	15.43	19.98	1.37	6.98	91.92	2.03
7.5	75	5	9	7.367	5.818	0.295	39.97	2.33	7.32	63.30	2.92	11.94	16.63	1.50	5.77	70.56	2.04
		6		8.797	6.905	0.294	46.95	2.31	8.64	74.38	2.90	14.02	19.51	1.49	6.67	84.55	2.07
		7		10.160	7.976	0.294	53.57	2.30	9.93	84.96	2.89	16.02	22.18	1.48	7.44	98.71	2.11
		8		11.503	9.030	0.294	59.96	2.28	11.20	95.07	2.88	17.93	24.86	1.47	8.19	112.97	2.15
		10		14.126	11.089	0.293	71.98	2.26	13.64	113.92	2.84	21.48	30.05	1.46	9.56	141.71	2.22
8	80	5	9	7.912	6.211	0.315	48.79	2.48	8.34	77.33	3.13	13.67	20.25	1.60	6.66	85.36	2.15
		6		9.397	7.376	0.314	57.35	2.47	9.87	90.89	3.11	16.08	23.72	1.59	7.65	102.50	2.19
		7		10.860	8.525	0.314	65.58	2.46	11.37	104.07	3.10	18.40	27.09	1.58	8.58	119.70	2.23
		8		12.303	9.658	0.314	73.49	2.44	12.83	116.60	3.08	20.61	30.39	1.57	9.46	136.97	2.27
		10		15.126	11.874	0.313	88.43	2.42	15.64	140.09	3.04	24.76	36.77	1.56	11.08	171.74	2.35
9	90	6	10	10.637	8.350	0.354	82.77	2.79	12.61	131.26	3.51	20.63	34.28	1.80	9.95	145.87	2.44
		7		12.301	9.656	0.354	94.83	2.78	14.54	150.47	3.50	23.64	39.18	1.78	11.19	170.30	2.48
		8		13.944	10.946	0.353	106.47	2.76	16.42	168.97	3.48	26.55	43.97	1.78	12.35	194.80	2.52
		10		17.167	13.476	0.353	128.58	2.74	20.07	203.90	3.45	32.04	53.26	1.76	14.52	244.07	2.59
		12		20.306	15.940	0.352	149.22	2.71	23.57	236.21	3.41	37.12	62.22	1.75	16.49	293.76	2.67

角钢号数	尺寸/mm b	尺寸/mm d	尺寸/mm r	截面面积 /cm²	理论重量 /(kg/m)	外表面积 /(m²/m)	$x-x$ I_x /cm⁴	$x-x$ i_x /cm	$x-x$ W_x /cm³	x_0-x_0 I_{x0} /cm⁴	x_0-x_0 i_{x0} /cm	x_0-x_0 W_{x0} /cm³	y_0-y_0 I_{y0} /cm⁴	y_0-y_0 i_{y0} /cm	y_0-y_0 W_{y0} /cm³	x_1-x_1 I_{x1} /cm⁴	z_0 /cm
10	100	6	12	11.932	9.366	0.393	114.95	3.10	15.68	181.98	3.90	25.74	47.92	2.00	12.69	200.07	2.67
		7		13.796	10.830	0.393	131.86	3.09	18.10	208.97	3.89	29.55	54.74	1.99	14.26	233.54	2.71
		8		15.638	12.276	0.393	148.24	3.08	20.47	235.07	3.88	33.24	61.41	1.98	15.75	267.09	2.76
		10		19.261	15.120	0.392	179.51	3.05	25.06	284.68	3.84	40.26	74.35	1.96	18.54	344.48	2.84
		12		22.800	17.898	0.391	208.90	3.03	29.48	330.95	3.81	46.80	86.84	1.95	21.08	402.34	2.91
		14		26.256	20.611	0.391	236.53	3.00	33.73	374.06	3.77	52.90	99.00	1.94	23.44	470.75	2.99
		16		29.627	23.257	0.390	262.53	2.98	37.82	414.16	3.74	58.57	110.89	1.94	25.63	539.80	3.06
11	110	7	12	15.196	11.928	0.433	177.16	3.41	22.05	280.94	4.30	36.12	73.38	2.20	17.51	310.64	2.96
		8		17.238	13.532	0.433	199.46	3.40	24.95	316.49	4.28	40.69	82.42	2.19	19.39	355.20	3.01
		10		21.261	16.690	0.432	242.19	3.38	30.60	384.39	4.25	49.42	99.98	2.17	22.91	444.65	3.09
		12		25.200	19.782	0.431	282.55	3.35	36.05	448.17	4.22	57.62	116.93	2.15	26.15	534.60	3.16
		14		29.056	22.809	0.431	320.71	3.32	41.31	508.01	4.18	65.31	133.40	2.14	29.14	625.16	3.24
12.5	125	8	14	19.750	15.504	0.492	297.03	3.88	32.52	470.89	4.88	53.28	123.16	2.50	25.86	521.01	3.37
		10		24.373	19.133	0.491	361.67	3.85	39.97	573.89	4.85	64.93	149.46	2.48	30.62	651.93	3.45
		12		28.912	22.696	0.491	423.16	3.83	40.17	671.44	4.82	75.96	174.88	2.46	35.03	783.42	3.53
		14		33.367	26.193	0.490	481.65	3.80	54.16	763.73	4.78	86.41	199.57	2.45	39.13	915.61	3.61
14	140	10	14	27.373	21.488	0.551	514.65	4.34	50.58	817.27	5.46	82.56	212.04	2.78	39.20	915.11	3.82
		12		32.512	25.522	0.551	603.68	4.31	59.80	958.79	5.43	96.85	248.57	2.76	45.02	1099.28	3.90
		14		37.567	29.490	0.550	688.81	4.28	68.75	1093.56	5.40	110.47	284.06	2.75	50.45	1284.22	3.98
		16		42.539	33.393	0.549	770.24	4.26	77.46	1221.81	5.36	123.42	318.67	2.74	55.55	1470.07	4.06
16	160	10	16	31.502	24.729	0.630	779.53	4.98	66.70	1237.30	6.27	109.36	321.76	3.20	52.76	1365.33	4.31
		12		37.411	29.391	0.630	916.58	4.95	78.98	1455.68	6.24	128.67	377.49	3.18	60.74	1639.57	4.39
		14		43.296	33.987	0.629	1048.36	4.92	90.95	1665.02	6.20	147.17	431.70	3.16	68.24	1914.68	4.47
		16		49.067	38.518	0.629	1175.08	4.89	102.63	1865.57	6.17	164.89	484.59	3.14	75.31	2190.82	4.55
18	180	12	16	42.241	33.159	0.710	1321.35	5.59	100.82	2100.10	7.05	165.00	542.61	3.58	78.41	2332.80	4.89
		14		48.896	38.388	0.709	1514.48	5.56	116.25	2407.42	7.02	189.14	625.53	3.56	88.38	2723.48	4.97
		16		55.467	43.542	0.709	1700.99	5.54	131.13	2703.37	6.98	212.40	698.60	3.55	97.83	3115.29	5.05
		18		61.955	48.634	0.708	1875.12	5.50	145.64	2988.24	6.94	234.78	762.01	3.51	105.14	3502.43	5.13
20	200	14	18	54.642	42.894	0.788	2103.55	6.20	144.70	3343.26	7.82	236.40	863.83	3.98	111.82	3734.10	5.46
		16		62.013	48.680	0.788	2366.15	6.18	163.65	3760.89	7.79	265.93	971.41	3.96	123.96	4270.39	5.54
		18		69.301	54.401	0.787	2620.64	6.15	182.22	4164.54	7.75	294.48	1076.74	3.94	135.52	4808.13	5.62
		20		76.505	60.056	0.787	2867.30	6.12	200.42	4554.55	7.72	322.06	1180.04	3.93	146.55	5347.51	5.69
		24		90.661	71.168	0.785	3338.25	6.07	236.17	5294.97	7.64	374.41	1381.53	3.90	166.55	6457.16	5.87

二、热轧不等边角钢（GB9787—88）

符号意义：

B——长边宽度；	b——短边宽度；
d——边厚；	r——内圆弧半径；
r_1——边端内圆弧半径；	I——惯性矩；
i——惯性半径；	W——截面系数；
x_0——重心距离；	y_0——重心距离。

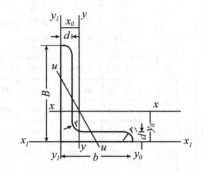

角钢号数	尺寸/mm				截面面积/cm²	理论重量/(kg/m)	外表面积/(m²/m)	参 考 数 值														
								x－x			y－y			x_1－x_1		y_1－y_1		u－u			
	B	b	d	r				I_x /cm⁴	i_x /cm	W_x /cm³	I_y /cm⁴	i_y /cm	W_y /cm³	I_{x1} /cm⁴	y_0 /cm	I_{y1} /cm⁴	x_0 /cm	I_u /cm⁴	i_u /cm	W_u /cm³	tanα
2.5/1.6	25	16	3	3.5	1.162	0.912	0.080	0.70	0.78	0.43	0.22	0.44	0.19	1.56	0.86	0.43	0.42	0.14	0.34	0.16	0.392
			4		1.499	1.176	0.079	0.88	0.77	0.55	0.27	0.43	0.24	2.09	0.90	0.59	0.46	0.17	0.34	0.20	0.381
3.2/2	32	20	3		1.492	1.171	0.102	1.53	1.01	0.72	0.46	0.55	0.30	3.27	1.08	0.82	0.49	0.28	0.43	0.25	0.382
			4		1.939	1.522	0.101	1.93	1.00	0.93	0.57	0.54	0.39	4.37	1.12	1.12	0.53	0.35	0.42	0.32	0.374
4/2.5	40	25	3	4	1.890	1.484	0.127	3.08	1.28	1.15	0.93	0.70	0.49	6.39	1.32	1.59	0.59	0.56	0.54	0.40	0.386
			4		2.467	1.936	0.127	3.93	1.26	1.49	1.18	0.69	0.63	8.53	1.37	2.14	0.63	0.71	0.54	0.52	0.381
4.5/2.8	45	28	3	5	2.149	1.687	0.143	4.45	1.44	1.47	1.34	0.79	0.62	9.10	1.47	2.23	0.64	0.80	0.61	0.51	0.383
			4		2.806	2.203	0.143	5.69	1.42	1.91	1.70	0.78	0.80	12.13	1.51	3.00	0.68	1.02	0.60	0.66	0.380
5/3.2	50	32	3	5.5	2.431	1.908	0.161	6.24	1.60	1.84	2.02	0.91	0.82	12.49	1.60	3.31	0.73	1.20	0.70	0.68	0.404
			4		3.177	2.494	0.160	8.02	1.59	2.39	2.58	0.90	1.06	16.65	1.65	4.45	0.77	1.53	0.60	0.87	0.402
5.6/3.6	56	36	3	6	2.743	2.153	0.181	8.88	1.80	2.32	2.92	1.03	1.05	17.54	1.78	4.70	0.80	1.73	0.79	0.87	0.408
			4		3.590	2.818	0.180	11.45	1.79	3.03	3.76	1.02	1.37	23.39	1.82	6.33	0.85	2.23	0.79	1.13	0.408
			5		4.415	3.466	0.180	13.86	1.77	3.71	4.49	1.01	1.65	29.25	1.87	7.94	0.88	2.67	0.78	1.36	0.404
6.3/4	63	40	4	7	4.058	3.185	0.202	16.49	2.02	3.87	5.23	1.14	1.70	33.30	2.04	8.63	0.92	3.12	0.88	1.40	0.398
			5		4.993	3.920	0.202	20.02	2.00	4.74	6.31	1.12	2.71	41.63	2.08	10.86	0.95	3.76	0.87	1.71	0.396
			6		5.908	4.638	0.201	23.36	1.96	5.59	7.29	1.11	2.43	49.98	2.12	13.12	0.99	4.34	0.86	1.99	0.393
			7		6.802	5.339	0.201	26.53	1.98	6.40	8.24	1.10	2.78	58.07	2.15	15.47	1.03	4.97	0.86	2.29	0.389
7/4.5	70	45	4	7.5	4.547	3.570	0.226	23.17	2.26	4.86	7.55	1.29	2.17	45.92	2.24	12.26	1.02	4.40	0.98	1.77	0.410
			5		5.609	4.403	0.225	27.95	2.23	5.92	9.13	1.28	2.65	57.10	2.28	15.39	1.06	5.40	0.98	2.19	0.407
			6		6.647	5.218	0.225	32.54	2.21	6.95	10.62	1.26	3.12	68.35	2.32	18.58	1.09	6.35	0.98	2.59	0.404
			7		7.657	6.011	0.225	37.22	2.20	8.03	12.01	1.25	3.57	79.99	2.36	21.84	1.13	7.16	0.97	2.94	0.402

角钢号数	尺寸/mm				截面面积 /cm²	理论重量 /(kg/m)	外表面积 /(m²/m)	参考数值													
								x-x			y-y			x₁-x₁		y₁-y₁		u-u			
	B	b	d	r				I_x /cm⁴	i_x /cm	W_x /cm³	I_y /cm⁴	i_y /cm	W_y /cm³	I_{x1} /cm⁴	y_0 /cm	I_{y1} /cm⁴	x_0 /cm	I_u /cm⁴	i_u /cm	W_u /cm³	$\tan a$
7.5/5	75	50	5	8	6.125	4.808	0.245	34.86	2.39	6.83	12.61	1.44	3.30	70.00	2.40	21.04	1.17	7.41	1.10	2.74	0.435
			6		7.260	5.699	0.245	41.12	2.38	8.12	14.70	1.42	3.88	84.30	2.44	25.37	1.21	8.54	1.08	3.19	0.435
			8		9.467	7.431	0.244	52.39	2.35	10.52	18.53	1.40	4.99	112.50	2.52	34.23	1.29	10.87	1.07	4.10	0.429
			10		11.590	9.098	0.244	62.71	2.33	12.79	21.96	1.38	6.04	140.80	2.60	43.43	1.36	13.10	1.06	4.99	0.423
8/5	80	50	5	8	6.375	5.005	0.255	41.96	2.56	7.78	12.82	1.42	3.32	85.21	2.60	21.06	1.14	7.66	1.10	2.74	0.388
			6		7.560	5.935	0.255	49.49	2.56	9.25	14.95	1.41	3.91	102.53	2.65	25.41	1.18	8.85	1.08	3.20	0.387
			7		8.724	6.848	0.255	56.16	2.54	10.58	16.96	1.39	4.48	119.33	2.69	29.82	1.21	10.18	1.08	3.70	0.384
			8		9.867	7.745	0.254	62.83	2.52	11.92	18.85	1.38	5.03	136.41	2.73	34.32	1.25	11.38	1.07	4.16	0.381
9/5.6	90	56	5	9	7.212	5.661	0.287	60.45	2.90	9.92	18.32	1.59	4.21	121.32	2.91	29.53	1.25	10.98	1.23	3.49	0.385
			6		8.557	6.717	0.286	71.03	2.88	11.74	21.42	1.58	4.96	145.59	2.95	35.58	1.29	12.90	1.23	4.18	0.384
			7		9.880	7.756	0.286	81.01	2.86	13.49	24.36	1.57	5.70	169.66	3.00	41.71	1.33	14.67	1.22	4.72	0.382
			8		11.183	8.779	0.286	91.03	2.85	15.27	27.15	1.56	6.41	194.17	3.04	47.93	1.36	16.34	1.21	5.29	0.380
10/6.3	100	63	6	10	9.617	7.550	0.320	99.06	3.21	14.64	30.94	1.79	6.35	199.71	3.24	50.50	1.43	18.42	1.38	5.25	0.394
			7		11.111	8.722	0.320	113.45	3.20	16.88	35.26	1.78	7.29	233.00	3.28	59.14	1.47	21.00	1.38	6.02	0.393
			8		12.584	9.878	0.319	127.37	3.18	19.08	39.39	1.77	8.21	266.32	3.32	67.88	1.50	23.50	1.37	6.78	0.391
			10		15.467	12.142	0.319	153.81	3.15	23.32	47.12	1.74	9.98	333.06	3.40	85.73	1.58	28.33	1.35	8.24	0.387
10/8	100	80	6	10	10.637	8.350	0.354	107.04	3.17	15.19	61.24	2.40	10.16	199.83	2.95	102.68	1.97	31.65	1.72	8.37	0.627
			7		12.304	9.656	0.354	122.73	3.16	17.52	70.08	2.39	11.71	233.20	3.00	119.98	2.01	36.17	1.72	9.60	0.626
			8		13.944	10.946	0.353	137.92	3.14	19.81	78.58	2.37	13.21	266.61	3.04	137.37	2.05	40.58	1.71	10.80	0.625
			10		17.167	13.176	0.353	166.87	3.12	24.24	94.65	2.35	16.12	333.63	3.12	172.48	2.13	49.10	1.69	13.12	0.622
11/7	110	70	6	10	10.637	8.350	0.354	133.37	3.54	17.85	42.92	2.01	7.90	265.78	3.53	69.08	1.57	25.36	1.54	6.53	0.403
			7		12.301	9.656	0.354	153.00	3.53	20.60	49.01	2.00	9.09	310.07	3.57	80.82	1.61	28.95	1.53	7.50	0.402
			8		13.944	10.946	0.353	172.04	3.51	23.30	54.87	1.98	10.25	354.39	3.62	92.70	1.65	32.45	1.53	8.45	0.401
			10		17.167	13.476	0.353	208.39	3.48	28.54	65.88	1.96	12.48	443.13	3.70	116.83	1.72	39.20	1.51	10.29	0.397
12.5/8	125	80	7	11	14.096	11.066	0.403	227.98	4.02	26.86	74.42	2.30	12.01	454.99	4.01	120.32	1.80	43.81	1.76	9.92	0.408
			8		15.989	12.551	0.403	256.77	4.01	30.41	83.49	2.28	13.56	519.99	4.06	137.85	1.84	49.75	1.75	11.18	0.407
			10		19.712	15.474	0.402	312.04	3.98	37.33	100.67	2.26	16.56	650.09	4.14	173.40	1.92	59.45	1.74	13.64	0.404
			12		23.351	18.330	0.402	364.41	3.95	44.01	116.67	2.24	19.43	780.39	4.22	209.67	2.00	69.35	1.72	16.01	0.400
14/9	140	90	8	12	18.038	14.160	0.453	365.64	4.50	38.48	120.69	2.59	17.34	730.53	4.50	195.79	2.04	70.83	1.98	14.31	0.411
			10		22.261	17.475	0.452	445.50	4.47	47.31	146.03	2.56	21.22	913.20	4.58	245.92	2.12	85.82	1.96	17.48	0.409
			12		26.400	20.724	0.451	521.59	4.44	55.87	169.79	2.54	24.95	1096.09	4.66	296.89	2.19	100.21	1.95	20.54	0.406
			14		30.456	23.908	0.451	594.10	4.42	64.18	192.10	2.51	28.54	1279.26	4.74	348.82	2.27	114.13	1.94	23.52	0.403

续表

角钢号数	尺寸 /mm				截面面积 /cm²	理论重量 /(kg/m)	外表面积 /(m²/m)	x-x			y-y			x₁-x₁		y₁-y₁		u-u			
	B	b	d	r				I_x /cm⁴	i_x /cm	W_x /cm³	I_y /cm⁴	i_y /cm	W_y /cm³	I_{x1} /cm⁴	y_0 /cm	I_{y1} /cm⁴	x_0 /cm	I_u /cm⁴	i_u /cm	W_u /cm³	$\tan\alpha$
16/10	160	100	10	13	25.315	19.872	0.512	668.69	5.14	62.13	205.03	2.85	26.56	1362.89	5.24	336.59	2.28	121.74	2.19	21.92	0.390
			12		30.054	23.592	0.511	784.91	5.11	73.49	239.06	2.82	31.28	1635.56	5.32	405.94	2.36	142.33	2.17	25.79	0.388
			14		34.709	27.247	0.510	896.30	5.08	84.56	271.20	2.80	35.83	1908.50	5.40	476.42	2.43	162.23	2.16	29.56	0.385
			16		39.281	30.835	0.510	1003.04	5.05	95.33	301.60	2.77	40.24	2181.79	5.48	548.22	2.51	182.57	2.16	33.44	0.382
18/11	180	110	10	14	28.373	22.273	0.571	956.25	5.80	78.96	278.11	3.13	32.49	1940.40	5.89	447.22	2.44	166.50	2.42	26.88	0.376
			12		33.712	26.464	0.571	1124.72	5.78	93.53	325.03	3.10	38.32	2328.38	5.98	538.94	2.52	194.87	2.40	31.66	0.374
			14		38.967	30.589	0.570	1286.91	5.75	107.76	369.55	3.08	43.97	2716.60	6.06	631.95	2.59	222.30	2.39	36.32	0.372
			16		44.139	34.649	0.569	1443.06	5.72	121.64	411.85	3.06	49.44	3105.15	6.14	726.46	2.67	248.94	2.38	40.87	0.369
20/12.5	200	125	12	14	37.912	29.761	0.641	1570.90	6.44	116.73	483.16	3.57	49.99	3193.85	6.54	787.74	2.83	285.79	2.74	41.23	0.392
			14		43.867	34.436	0.640	1800.97	6.41	134.65	550.83	3.54	57.44	3726.17	6.62	922.47	2.91	326.58	2.73	47.34	0.390
			16		49.739	39.045	0.639	2023.35	6.38	152.18	615.44	3.52	64.69	4258.86	6.70	1058.86	2.99	366.21	2.71	53.32	0.388
			18		55.526	43.588	0.639	2238.30	6.35	169.33	677.19	3.49	71.74	4792.00	6.78	1197.13	3.06	404.83	2.70	59.18	0.385

三、热轧普通工字钢 （GB 706—1988）

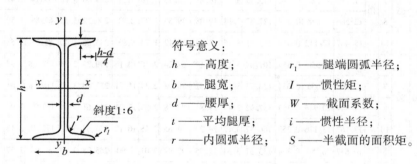

符号意义：

h ——高度； r_1 ——腿端圆弧半径；

b ——腿宽； I ——惯性矩；

d ——腰厚； W ——截面系数；

t ——平均腿厚； i ——惯性半径；

r ——内圆弧半径； S ——半截面的面积矩。

型号	尺寸 /mm						截面面积 /cm²	理论重量 /(kg/m)	参考数值						
									x-x				y-y		
	h	b	d	t	r	r_1			I_x /cm⁴	W_x /cm³	i_x /cm	$I_x : S_x$ /cm	I_y /cm⁴	W_y /cm³	i_y /cm
10	100	68	4.5	7.6	6.5	3.3	14.3	11.2	245	49	4.14	8.59	33	9.72	1.52
12.6	126	74	5	8.4	7	3.5	18.1	14.2	488.43	77.529	5.195	10.85	46.906	12.677	1.609
14	140	80	5.5	9.1	7.5	3.8	21.5	16.9	712	102	5.76	12	64.4	16.1	1.73
16	160	88	6	9.9	8	4	26.1	20.5	1130	141	6.58	13.8	93.1	21.2	1.89
18	180	94	6.5	10.7	8.5	4.3	30.6	24.1	1660	185	7.36	15.4	122	26	2
20a	200	100	7	11.4	9	4.5	35.5	27.9	2370	237	8.15	17.2	158	31.5	2.12
20b	200	102	9	11.4	9	4.5	39.5	31.1	2500	250	7.96	16.9	169	33.1	2.06

型号	尺寸 /mm						截面面积 /cm²	理论重量 /(kg/m)	参考数值						
									$x-x$				$y-y$		
	h	b	d	t	r	r_1			I_x /cm⁴	W_x /cm³	i_x /cm	$I_x : S_x$ /cm	I_y /cm⁴	W_y /cm³	i_y /cm
22a	220	110	7.5	12.3	9.5	4.8	42	33	3400	309	8.99	18.9	225	40.9	2.31
22b	220	112	9.5	12.3	9.5	4.8	46.4	36.4	3570	325	8.78	18.7	239	42.7	2.27
25a	250	116	8	13	10	5	48.5	38.1	5023.54	401.88	10.18	21.58	280.046	48.283	2.403
25b	250	118	10	13	10	5	53.5	42	5283.96	422.72	9.938	21.27	309.297	52.423	2.404
28a	280	122	8.5	13.7	10.5	5.3	55.45	43.4	7114.14	508.15	11.32	24.62	345.051	56.565	2.495
28b	280	124	10.5	13.7	10.5	5.3	61.05	47.9	7480	534.29	11.08	24.24	379.496	61.209	2.493
32a	320	130	9.5	15	11.5	5.8	67.05	52.7	11075.5	692.2	12.84	27.46	459.93	70.758	2.619
32b	320	132	11.5	15	11.5	5.8	73.45	57.7	11621.4	726.33	12.58	27.09	501.53	75.989	2.614
32c	320	134	13.5	15	11.5	5.8	79.95	62.8	12167.5	760.47	12.34	26.77	543.81	81.166	2.608
36a	360	136	10	15.8	12	6	76.3	59.9	15760	875	14.4	30.7	552	81.2	2.69
36b	360	138	12	15.8	12	6	83.5	65.6	16530	919	14.1	30.3	582	84.3	2.64
36c	360	140	14	15.8	12	6	90.7	71.2	17310	962	13.8	29.9	612	87.4	2.6
40a	400	142	10.5	16.5	12.5	6.3	86.1	67.6	21720	1090	15.9	34.1	660	93.2	2.77
40b	400	144	12.5	16.5	12.5	6.3	94.1	73.8	22780	1140	15.6	33.6	692	96.2	2.71
40c	400	146	14.5	16.5	12.5	6.3	102	80.1	23850	1190	15.2	33.2	727	99.6	2.65
45a	450	150	11.5	18	13.5	6.8	102	80.4	32240	1430	17.7	38.6	855	114	2.89
45b	450	152	13.5	18	13.5	6.8	111	87.4	33760	1500	17.4	38	894	118	2.84
45c	450	154	15.5	18	13.5	6.8	120	94.5	35280	1570	17.1	37.6	938	122	2.79
50a	500	158	12	20	14	7	119	93.6	46470	1860	19.7	42.8	1120	142	3.07
50b	500	160	14	20	14	7	129	101	48560	1940	19.4	42.4	1170	146	3.01
50c	500	162	16	20	14	7	139	109	50640	2080	19	41.8	1220	151	2.96
56a	560	166	12.5	21	14.5	7.3	135.25	106.2	65585.6	2342.31	22.02	47.73	1370.16	165.08	3.182
56b	560	168	14.5	21	14.5	7.3	146.45	115	68512.5	2446.69	21.63	47.17	1486.75	174.25	3.162
56c	560	170	16.5	21	14.5	7.3	157.85	123.9	71439.4	2551.41	21.27	46.66	1558.39	183.34	3.158
63a	630	176	13	22	15	7.5	154.9	121.6	93916.2	2981.47	24.62	54.17	1700.55	193.24	3.314
63b	630	178	15	22	15	7.5	167.5	131.5	98083.6	3163.98	24.2	53.51	1812.07	203.6	3.289
63c	630	180	17	22	15	7.5	180.1	141	102251.1	3298.42	23.82	52.92	1924.91	213.88	3.268

四、热轧普通槽钢（GB707—88）

符号意义：

h ——高度；　　　　　r_1 ——腿端圆弧半径；

b ——腿宽；　　　　　I ——惯性矩；

d ——腰厚；　　　　　W ——截面系数；

t ——平均腿厚；　　　i ——惯性半径；

r ——内圆弧半径；　　z_0 —— $y-y$ 与 y_0-y_0 轴线间距离。

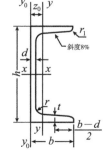

型号	尺 寸 /mm						截面面积 /cm²	理论重量 /(kg/m)	参 考 数 值							
									$x-x$			$y-y$			y_0-y_0	z_0 /cm
	h	b	d	t	r	r_1			W_x /cm³	I_x /cm⁴	i_x /cm	W_y /cm³	I_y /cm⁴	i_y /cm	I_{y0} /cm⁴	
5	50	37	4.5	7	7	3.5	6.93	5.44	10.4	26	1.94	3.55	8.3	1.1	20.9	1.35
6.3	63	40	4.8	7.5	7.5	3.75	8.444	6.63	16.123	50.786	2.453	4.50	11.872	1.185	28.38	1.36
8	80	43	5	8	8	4	10.24	8.04	25.3	101.3	3.15	5.79	16.6	1.27	37.4	1.43
10	100	48	5.3	8.5	8.5	4.25	12.74	10	39.7	198.3	3.95	7.8	25.6	1.41	54.9	1.52
12.6	126	53	5.5	9	9	4.5	15.69	12.37	62.137	391.466	4.953	10.242	37.99	1.567	77.09	1.59
14a	140	58	6	9.5	9.5	4.75	18.51	14.53	80.5	563.7	5.52	13.01	53.2	1.7	107.1	1.71
14b	140	60	8	9.5	9.5	4.75	21.31	16.73	87.1	609.4	5.35	14.12	61.1	1.69	120.6	1.67
16a	160	63	6.5	10	10	5	21.95	17.23	108.3	866.2	6.28	16.3	73.3	1.83	144.1	1.8
16b	160	65	8.5	10	10	5	25.15	19.74	116.8	934.5	6.1	17.55	83.4	1.82	160.8	1.75
18a	180	68	7	10.5	10.5	5.25	25.69	20.17	141.4	1272.7	7.04	20.03	98.6	1.96	189.7	1.88
18b	180	70	10.5	10.5	10.5	5.25	29.29	22.99	152.2	1369.9	6.84	21.52	111	1.95	210.1	1.84
20a	200	73	7	11	11	5.5	28.83	22.63	178	1780.4	7.86	24.2	128	2.11	244	2.01
20b	200	75	9	11	11	5.5	32.83	25.77	191.4	1913.7	7.64	25.88	143.6	2.09	268.4	1.95
22a	220	77	7	11.5	11.5	5.75	31.84	24.99	217.6	2393.9	8.67	28.17	157.8	2.23	298.2	2.1
22b	220	79	9	11.5	11.5	5.75	36.24	28.45	233.8	2571.4	8.42	30.05	176.4	2.21	326.3	2.03
25a	250	78	7	12	12	6	34.91	27.47	269.597	3369.62	9.823	30.607	175.529	2.243	322.256	2.065
25b	250	80	9	12	12	6	39.91	31.39	282.402	3530.04	9.405	32.657	196.421	2.218	353.187	1.982
25c	250	82	11	12	12	6	44.91	35.32	295.236	3690.45	9.065	35.926	218.415	2.206	384.133	1.921
28a	280	82	7.5	12.5	12.5	6.25	40.02	31.42	340.328	4764.59	10.91	35.718	217.989	2.333	387.566	2.097
28b	280	84	9.5	12.5	12.5	6.25	45.62	35.81	366.46	5130.45	10.6	37.929	242.144	2.304	427.589	2.016
28c	280	86	11.5	12.5	12.5	6.25	51.22	40.21	392.594	5496.32	10.35	40.301	267.602	2.286	426.597	1.951
32a	320	88	8	14	14	7	48.7	38.22	474.879	7598.06	12.49	46.473	304.787	2.502	552.31	2.242
32b	320	90	10	14	14	7	55.1	43.25	509.012	8144.2	12.15	49.157	336.332	2.471	592.933	2.158
32c	320	92	12	14	14	7	61.5	48.28	543.145	8690.33	11.88	52.642	374.175	2.467	643.299	2.092
36a	360	96	9	16	16	8	60.89	47.8	659.7	11874.2	13.97	63.54	455	2.73	818.4	2.44
36b	360	98	11	16	16	8	68.09	53.45	702.9	12651.8	13.63	66.85	496.7	2.7	880.4	2.37
36c	360	100	13	16	16	8	75.29	50.1	746.1	13429.4	13.36	70.02	536.4	2.67	947.9	2.34
40a	400	100	10.5	18	18	9	75.05	58.91	878.9	17577.9	15.30	78.83	592	2.81	1067.7	2.49
40b	400	102	12.5	18	18	9	83.05	65.19	932.2	18644.5	14.98	82.52	640	2.78	1135.6	2.44
40c	400	104	14.5	18	18	9	91.05	71.47	985.6	19711.2	14.71	86.19	687.8	2.75	1220.7	2.42

参 考 文 献

［1］刘鸿文．材料力学［M］．第 3 版．北京：高等教育出版社，1992．

［2］范钦珊，王琪，刘均，景荣春．工程力学［M］．北京：高等教育出版社，2002．

［3］孙训方，方孝淑，关来泰．材料力学［M］：上册．第 4 版．北京：高等教育出版社，2002．

［4］单辉祖．材料力学教程［M］．北京：高等教育出版社，1982．

［5］金家桢．材料力学［M］北京：高等教育出版社，1987．

［6］罗迎社．材料力学［M］．武汉：武汉理工大学出版社，2001．

［7］龚志钰，李章政．材料力学［M］．北京：科学出版社，1999．

［8］顾朴等．材料力学［M］．北京：高等教育出版社，1985．

［9］霍焱．材料力学［M］．北京：高等教育出版社，1994．

［10］北京科技大学，东北大学．工程力学［M］．北京：高等教育出版社，1997．

［11］李学罡，蔡明兮．材料力学［M］．长春：吉林科技出版社，2006．

［12］王义质，李叔涵．工程力学［M］．重庆：重庆大学出版社，1999．

［13］朱熙然，王筱玲．工程力学［M］．上海：上海交通大学出版社，2004．

［14］刘红岩．机械工程力学［M］．武汉：华中理工大学出版社，1996．

［15］殷尔禧，等．材料力学［M］．北京：科学技术文献出版社，1999．

［16］马崇山．材料力学教程［M］．太原：山西教育出版社，1999．

［17］洪次坤，沈养中，徐文善．材料力学［M］．北京：中国水利水电出版社，1995．

［18］刘鸿文．简明材料力学［M］．北京：高等教育出版社，1997．

［19］彭祝．理论力学［M］．长沙：中南工业大学出版社，1997．

［20］哈尔滨工业大学理论力学教研室．理论力学［M］．第 6 版．北京：高等教育出版社，2002．

［21］贾启芬，刘习军，王春敏．理论力学［M］．天津：天津大学出版社，2003．

［22］刘又文，彭献．理论力学［M］．长沙：湖南大学出版社，2002．

［23］王桂林，陈辉．工程力学［M］．北京：航空工业出版社，2012．

［24］杨慧丽，叶建海．工程力学［M］．北京：中国水利水电出版社，2007．

［25］杨恩福，徐玉华．工程力学［M］．北京：中国水利水电出版社，2005．

［26］孙方遒．工程力学［M］．北京：北京理工大学出版社，2014．

［27］沈养中．工程力学［M］．北京：高等教育出版社，2003．

［28］罗迎社，喻小明．工程力学［M］．北京：北京大学出版社，2006．

［29］徐学进，姚桂玲．工程力学［M］．北京：北京大学出版社，2006．

［30］王硕，赵凤婷．工程力学［M］．北京：国防工业出版社，2011．

参考文献